晶体结构精修原理及技术

谷亦杰　曾垂松　神祥博　敖冬威　等　著

科学出版社

北　京

内 容 简 介

晶体结构精修主要基于 Rietveld 方法，该方法通过在给定的晶体结构模型上，利用最小二乘法对晶体结构信息和峰形参数进行拟合，使计算图谱与实际衍射图谱尽可能一致。这种方法能够充分利用全谱衍射数据，有效解析出晶胞参数、原子位置等关键信息，对于材料科学、物理、化学等领域的研究具有重要意义。

本书可供材料、物理、化学等领域的高校师生及相关专业的科研人员阅读参考。

图书在版编目(CIP)数据

晶体结构精修原理及技术 / 谷亦杰等著. -- 北京 ：科学出版社，2024. 8. -- ISBN 978-7-03-079346-1

Ⅰ. O76

中国国家版本馆 CIP 数据核字第 202471BM25 号

责任编辑：霍志国/责任校对：杜子昂
责任印制：徐晓晨/封面设计：东方人华

科学出版社 出版
北京东黄城根北街 16 号
邮政编码：100717
http://www.sciencep.com

三河市骏杰印刷有限公司印刷

科学出版社发行 各地新华书店经销
*
2024 年 8 月第 一 版 开本：720×1000 1/16
2024 年 8 月第一次印刷 印张：10 1/4
字数：207 000

定价：98.00 元
（如有印装质量问题，我社负责调换）

前　言

Rietveld 法充分利用了谱图的所有信息，克服了多晶衍射仅利用积分强度的不足，可以获得多晶材料的结构信息。晶体结构精修能够获得大量晶体结构信息，如晶胞参数、物相鉴定、键长键角等，对于材料科学、物理、化学等领域的研究具有重要意义。

本书由潍坊学院和金昌恩晖新能源装备有限公司谷亦杰、曾垂松、神祥博、敖冬威、李新沛、战强、马超、刘云、刘炳强、马成习、刘英杰、王亚林著。

著　者

2024 年 7 月

目 录

第1章 引　　言

1.1　晶体结构精修的重要性

晶体结构精修是指在晶体结构测定后对它进行进一步优化和修正的过程。在晶体学领域，精修工作是非常重要的，它可以帮助研究人员更准确地理解晶体结构，揭示晶体内部的微观结构和性质，为材料科学、化学、生物学等领域的研究提供重要依据和指导。

晶体结构精修可以提高结构解析的准确性和可靠性。通过精修工作，可以对晶体结构中的原子位置、键长、键角等参数进行进一步的优化和修正，使得晶体结构的描述更加精确和完整。这可以避免因为实验误差或计算方法的局限性而导致的结构解析错误，确保研究结果的可靠性和可信度。晶体结构精修可以揭示晶体内部的微观结构和性质。通过对晶体结构的精确描述和分析，可以深入了解晶体中原子之间的相互作用和排列方式，揭示晶体的对称性、晶格畸变、缺陷结构等重要信息。这有助于研究人员更好地理解晶体的物理性质和化学性质，为材料设计和性能优化提供重要参考。晶体结构精修还可以为晶体结构模拟和计算提供基础。在材料科学和计算化学领域，通过对晶体结构的精确描述和优化，可以构建更准确的晶体结构模型，进行分子动力学模拟、密度泛函理论计算等研究工作。这有助于预测材料的性能、研究材料的稳定性和反应活性等问题，为新材料的设计和开发提供支持。晶体结构精修对于晶体学领域的发展和进步具有重要意义。随着科学技术的不断进步和发展，晶体结构分析方法和工具也在不断完善和提高，晶体结构精修作为晶体学研究的重要环节，可以推动晶体学研究的深入发展，促进晶体学与其他学科的交叉融合，为人类社会的发展和进步做出贡献。

晶体结构精修是晶体学领域中一项重要的研究工作，它不仅可以提高结构解析的准确性和可靠性，揭示晶体内部的微观结构和性质，为晶体结构模拟和计算提供基础，还可以推动晶体学领域的发展和进步。因此，加强对晶体结构精修的研究和应用，对于推动晶体学研究的发展，促进材料科学、化学、生物学等领域的交叉发展，具有重要的意义和价值。

1.2 Topas 技术在晶体结构精修中的应用

Topas 是一种用于晶体结构分析和精修的先进技术，广泛应用于材料科学、化学、生物学等领域。该技术基于粉末衍射数据，结合先进的晶体结构模拟和优化算法，可以帮助研究人员更准确地解析和精修晶体结构，揭示晶体内部的微观结构和性质，为材料设计和性能优化提供重要支持。

Topas 技术可以通过粉末衍射数据实现晶体结构的快速解析和初步精修。粉末衍射是一种常用的晶体学分析方法，可以提供晶体的整体结构信息。该技术可以通过对粉末衍射数据的处理和分析，快速确定晶体的空间群、晶胞参数、原子位置等关键参数，为后续的晶体结构精修奠定基础。该技术可以结合晶体结构模拟和优化算法实现晶体结构的精确修正和优化。通过该软件提供的晶体结构模拟和优化功能，研究人员可以对晶体结构中的原子位置、键长、键角等参数进行进一步的调整和优化，使得晶体结构的描述更加准确和完整。这有助于避免因为实验误差或计算方法的局限性而导致的结构解析错误，提高结构解析的可靠性和精度。该技术还可以用于研究晶体的相变行为、晶格畸变、缺陷结构等重要问题。通过对晶体结构的精确描述和分析，研究人员可以揭示晶体内部的微观结构变化和性质变化，探讨晶体在不同条件下的稳定性和相变机制。这有助于深入理解晶体的物理性质和化学性质，为材料设计和性能优化提供重要依据。该技术还可以结合其他实验技术和计算方法，实现多尺度、多角度的晶体结构研究。通过将 Topas 技术与 X 射线衍射、电子显微镜等实验技术结合起来，可以获取更全面、更准确的晶体结构信息。同时，结合密度泛函理论计算等计算方法，可以进一步探索晶体的电子结构、磁性性质等方面的特性，为材料的功能化设计和性能优化提供更深入的研究支持。

Topas 技术在晶体结构精修中的应用具有重要意义和价值。通过该技术，研究人员可以更准确地解析和精修晶体结构，揭示晶体内部的微观结构和性质，为材料科学、化学、生物学等领域的研究提供重要支持。因此，加强对该技术的研究和应用，对于推动晶体学领域的发展，促进材料科学和相关学科的交叉发展，具有重要的意义和价值。

第 2 章　晶体结构精修原理

2.1　Rietveld 法概述

Rietveld 法是一种在晶体学和材料科学领域广泛应用的分析方法,用于从粉末衍射数据中提取晶体结构信息。该方法由荷兰科学家 Rietveld 于 1967 年提出,通过拟合实验观测到的衍射图样和理论计算得到的衍射图样之间的差异,确定晶体结构的晶胞参数、原子位置、热振动参数等关键信息。它的核心思想是将晶体结构的信息用数学模型表示,并通过最小化实验数据与模型之间的差异来确定最优的晶体结构参数。该方法考虑了晶体结构的整体特征,能够同时处理多种晶体结构参数,包括晶胞参数、原子坐标和热振动参数等,因此在解析复杂晶体结构和处理多相混合体系时具有优势。它在材料科学中的应用非常广泛,可以用于研究晶体的相变行为、晶格畸变、缺陷结构等问题,也可以用于分析材料的结晶度、晶体尺寸、晶体取向等性质。通过 Rietveld 法,研究人员可以快速准确地获取材料的晶体结构信息,为材料设计和性能优化提供重要支持。

最小二乘法是一种常用的数学方法,用于拟合实验数据与理论模型之间的关系,以确定模型参数的最优值。在晶体学中,最小二乘法可以应用于 Rietveld 法，通过拟合衍射数据来确定晶体结构的参数，包括晶胞参数、原子位置和热振动参数等。

考虑一个简单的晶体结构模型，假设晶体中只含有一个原子种类，且该原子的位置可以用三个坐标 (x, y, z) 表示。目标是通过最小二乘法拟合实验观测到的衍射数据，确定该原子的位置坐标。假设已经有了一个理论模型，可以计算出该晶体结构在不同衍射角度下的衍射强度。实验观测到的衍射数据包括衍射角度和衍射强度，任务是调整晶体结构模型中的参数，使理论计算得到的衍射强度与实验观测到的衍射强度尽可能吻合。可以定义一个拟合函数，表示实验观测到的衍射强度与理论计算得到的衍射强度之间的差异，即残差。最小二乘法的目标是最小化残差的平方和，即最小化拟合函数的平方和，以获得最优的晶体结构参数。具体地，可以定义拟合函数如下：

$$F = \sum_{i=1}^{N} [I_{\text{obs}}(\theta_i) - I_{\text{calc}}(\theta_i)]^2$$

其中，$I_{\text{obs}}(\theta_i)$ 表示实验观测到的第 i 个衍射角度下的衍射强度，$I_{\text{calc}}(\theta_i)$ 表示理论计算得到的第 i 个衍射角度下的衍射强度，N 表示衍射数据的总数目。

可以通过迭代的方式，调整晶体结构模型中的参数，使得拟合函数的值逐渐减小，直至达到最小值。这个过程可以通过数值优化算法来实现，如 Levenberg-Marquardt 算法等。在晶体学中，Rietveld 法是一种基于最小二乘法的晶体结构分析方法。通过 Rietveld 法，研究人员可以同时处理多种晶体结构参数，包括晶胞参数、原子坐标和热振动参数等，从而获得更准确的晶体结构信息。通过最小二乘法拟合衍射数据得到晶体结构的参数是一种重要的晶体学分析方法，可以帮助研究人员深入理解晶体的结构特征和性质，为材料科学和相关领域的研究提供重要支持。

Topas 是一款广泛应用于材料科学、化学、物理学等领域的晶体结构分析软件，具有强大的拟合和优化功能，可以帮助研究人员深入理解材料的晶体结构和性质。Topas 可以用于研究各种材料的晶体结构、相变行为、晶格畸变等。研究人员可以通过 Topas 对衍射数据进行最小二乘法拟合，确定材料的晶格参数、原子位置和晶体缺陷等关键参数，从而揭示材料的微观结构和性质变化规律，为新材料的设计和改进提供重要支持。Topas 可用于研究晶体中的化学键性质、原子间距离、键角等参数。通过对衍射数据的拟合，可以确定晶体中不同原子之间的相互作用方式，揭示化学键的强度和方向性，为理解化学反应机理、设计新型催化剂等提供重要信息。Topas 可用于研究晶体的结构相变、磁性质、电子结构等方面。通过对衍射数据的拟合，可以确定材料在不同条件下的结构变化规律，揭示相变机制和性质变化。此外，Topas 还可用于分析材料的电子结构，研究电子态密度分布、能带结构等，为理解材料的电子输运性质和光电性能提供重要参考。

Topas 作为一款功能强大的晶体结构分析软件，在材料科学、化学、物理学等领域均有广泛的应用。通过 Topas 的使用，研究人员可以深入探究材料的结构与性质，为科学研究和工程应用提供重要的支持和指导。

2.2　Rietveld 法数学模型

2.2.1　Rietveld 法数学模型介绍

1967 年，Rietveld 在粉末中子衍射结构分析领域引入了粉末衍射全谱最小二乘拟合结构修正法，这一方法的重要性和影响力不言而喻。十年后的 1977 年，Young 等将这一方法引入多晶 X 射线衍射分析中，进一步拓展了其应用范围。Rietveld 全谱拟合精修晶体结构的方法是一种利用全谱衍射数据进行结构分析的重要技术。该方法在假设晶体结构模型和结构参数的基础上，结合某种峰形函数来计算多晶衍射谱，通过调整结构参数与峰形参数，使计算出的衍射谱与实验谱相符合，从而确定结构参数与峰值参数的方法。这一逐步逼近的拟合过程被称为全谱拟合，为精确研究材料的晶体结构提供了重要手段。Rietveld 分析方法的提出开创了粉末衍射数据处理的新时代，其研究和应用迅速发展，并对材料科学、化学和物理学等领域的研究产生了深远影响。

Topas 软件内置了 Rietveld 方法，结合基本参数法和友好的用户界面，使得精细修正晶体结构变得更加简单和高效，适合大部分用户使用。这种结合了先进算法和用户友好界面的设计，使得研究人员能够更轻松地进行晶体结构分析，推动了该领域的进步和发展。Rietveld 全谱拟合方法的提出和发展，以及其在 Topas 软件中的应用，对于材料科学和相关领域的研究具有重要意义。

多晶衍射在三维空间的衍射被压缩成一维，导致失去了各个 *hkl* 衍射的方向性，同时衍射峰之间的重叠也模糊了每个 *hkl* 衍射强度分布曲线的轮廓。这种情况使得在粉末衍射图中丰富的结构信息无法被有效提取。然而，Rietveld 在粉末衍射结构分析领域引入了最小二乘法，并充分利用计算机处理大量数据的能力，提出了粉末衍射花样全谱拟合精修结构的方法。通过基于结构模型和 X 射线衍射原理，他成功地将数据谱用于粉末衍射全谱的拟合，从而实现了对结构的精细修正。在这一方法中，强度 y_i(calc)的计算是基于结构模型及 X 射线衍射原理进行的，通过最小二乘法来拟合实验数据和计算数据之间的差异，从而调整结构参数以使得计算的衍射谱与实验观测到的衍射谱相匹配。这种全谱拟合的方法不仅可以克服多晶衍射在一维空间中失去的信息，还可以准确地提取出粉末衍射图中隐含的丰富结构信息。

计算强度 y_i(calc)表示为：

$$y_i(\text{calc}) = \sum_k \text{SF} \cdot M_k \cdot P_k \cdot F_k^2 \cdot \text{LP}(2\Theta_k) \cdot A \cdot \Phi_k(2\Theta_i - 2\Theta_k) + yb_i(\text{obs})$$

其中，SF 是比例因子，M_k 是多重性因子，P_k 是择优取向函数，LP 是 LP 因子，Φ_k 是峰形函数，F_k 是结构因子（包含了温度因子），A 是吸收因子，yb_i（obs）是背底，Θ_i 是衍射角，Θ_k 是沿射峰峰中心值。

SF 是一个重要的参数，用于校正不同样品之间的衍射强度差异，以便比较它们的衍射图谱。衍射比例因子通常是通过将样品的衍射图谱与已知标准样品的衍射图谱进行比较来确定的。衍射比例因子的主要作用是将不同样品的衍射强度标准化，消除由于样品形态、晶粒大小等因素引起的衍射强度差异。通过对衍射图谱进行衍射比例因子校正，可以确保不同样品的衍射峰在强度上具有可比性，从而更准确地进行相对定量分析和结构表征。确定衍射比例因子的方法通常包括在衍射图谱中选择一个或多个已知强度的衍射峰，并将它与标准样品的相应峰进行比较。通过调整衍射比例因子，使得样品的强度峰与标准样品的对应峰匹配，从而实现衍射图谱的标准化。衍射比例因子的准确确定对于粉末衍射分析的结果解释和样品比较具有重要意义。通过合理地校正衍射图谱中的衍射比例因子，可以提高分析结果的准确性和可靠性。

M_k 是晶体学中的一个重要概念，用于描述晶体结构中每个晶胞中特定位置上原子或分子的数目与该位置的对称操作数月之比。多重性因子的计算涉及晶体结构的对称性和原子位置的排列方式。其值取决于晶体结构中特定位置的对称操作数目。如果一个特定位置上的原子或分子可以通过多个对称操作得到，那么该位置的多重性因子就会相应增加。相反，如果该位置上的原子或分子只能通过少数对称操作得到，那么多重性因子就会较小。它的计算对于解析晶体结构和理解晶体的对称性至关重要。通过研究晶体结构中不同位置的多重性因子，可以揭示晶体中原子或分子的排列方式和对称性，有助于揭示晶体的化学和物理性质。

P_k 是材料科学领域中用来描述晶体中晶粒取向分布的函数。它表示在多晶材料中不同晶粒取向的偏好程度，即每个晶粒取向的相对比例。择优取向函数对于理解材料的微观结构和性能具有重要意义。通过择优取向函数，可以了解材料中晶粒取向的分布情况，包括哪些取向更为优选或更为普遍。这对于解释材料的力学性能、疲劳行为、热处理效果等方面具有重要意义。择优取向函数的计算通常需要基于晶体学理论和实验数据，结合数学模型进行分析。研究择优取向函数可以帮助优化材料的力学性能和加工性能，指导材料设计和工程应用。通过调控晶粒取向分布，可以改善材料的性能和稳定性，提高材料的综合性能。

LP 是描述 X 射线衍射实验中考虑原子核电荷分布对散射幅度的影响的因子。它是晶体学中的一个重要参数，用于修正 X 射线衍射实验中观察到的散射强度，使其更符合实际情况。它考虑了原子核周围电子的分布以及 X 射线入射方向对散射幅度的影响。由于 X 射线在晶体中散射时会受到原子核电荷的吸引，因此洛伦兹偏振因子可以修正 X 射线衍射实验中观察到的散射强度，使其更加准确地反映晶体结构的特征。它的计算需要考虑原子的晶体结构参数、原子核电荷分布以及 X 射线入射角度等因素。通过考虑洛伦兹偏振因子，可以更准确地分析 X 射线衍射实验的结果，揭示晶体中原子的排列方式和结构特征，有助于深入理解晶体的性质和行为。

在 X 射线衍射实验中，样品散射出的 X 射线信号通常呈现为一系列峰，每个峰对应于特定晶面的衍射信号。为了分析这些 X 射线衍射峰，常常使用峰形函数进行拟合和处理。峰形函数在 X 射线衍射分析中起着关键作用，用于描述衍射峰的形状、宽度和强度分布。常用的峰形函数包括高斯函数、洛伦兹函数和 Voigt 函数等，可以根据实际情况选择合适的函数进行拟合，以获得准确的峰参数信息。通过对 X 射线衍射峰进行峰形函数拟合，可以确定晶体的晶格常数、结构类型、晶面取向等重要信息。此外，还可以通过峰形函数分析确定样品的相对含量、晶体质量、晶体缺陷等特征。它的选择和优化对于准确解释 X 射线衍射实验数据、理解样品的晶体结构和性质具有重要意义。

在 X 射线衍射实验中，X 射线与晶体中的电子云和原子核相互作用，产生衍射现象。X 射线衍射图谱中的峰值反映了晶体结构中原子的排列方式。F_k 是描述晶体结构中原子位置和散射强度的参数。它通常用复数表示，包含振幅和相位两部分。振幅部分表示 X 射线在晶体中的散射强度，而相位部分则反映了 X 射线在晶体中的相位偏移。通过测量和分析结构因子，可以确定晶体的晶格常数、原子位置和晶体结构类型。它的计算和分析对于理解晶体结构和性质至关重要。它们提供了关于晶体中原子的位置和散射能力的重要信息，为研究者揭示晶体的微观结构提供了关键线索。

温度因子是晶体学中用于描述原子在晶体结构中振动的参数。随着温度的升高，晶体中的原子会发生振动，这种振动会导致晶体结构的略微变化。温度因子量化了原子振动对 X 射线衍射图谱中衍射峰位置的影响。它通常用 B 因子 [$B=8\,\pi^2\bar{u}^2\,(\sin\theta/\lambda)^2$（$\bar{u}$ 为原子平行于衍射矢量的均方热位移）] 表示，它是一个与原子位置相关的参数，描述了原子在晶体结构中的热振动幅度。较大的 B 因子意味着原子振动幅度较大，而较小的 B 因子则表示原子振动较小。通过在 X 射线衍射数据分析中引入温度因子，可以更准确地拟合实验数据并确定晶体结构的参数。它对于理解晶体结构中原子的动力学行为至关重要。它们提供了关于原子振动特性的重要信息，有助于研究者理解晶体的稳定性、热力学性质和相变行为。

吸收因子是在 X 射线衍射实验中考虑的一个重要因素，用于描述 X 射线在物质中被吸收的程度。当 X 射线通过晶体或其他材料时，部分 X 射线会被材料吸收，而另一部分则会散射出来。吸收因子考虑了吸收效应对衍射图谱中峰值强度的影响。它通常用 F 因子或结构因子的修正形式表示，它包含了 X 射线在物质中传播过程中的吸收效应。通过考虑吸收因子，可以更准确地解释实验数据，避免由于吸收效应引起的衍射峰强度失真。吸收因子的考虑对于准确确定晶体结构参数至关重要。它的研究对于 X 射线衍射实验中的数据分析和晶体结构表征至关重要。它们提供了关于 X 射线在物质中传播和相互作用的重要信息，有助于研究者更准确地理解晶体结构中的原子排列和散射行为。

在了解了衍射峰的基础上，X 射线衍射还涉及了峰位、峰形和背景，其中峰位的数学表达是：

$$2d_{hkl}\sin\theta = \lambda$$

衍射峰的形状与基本仪器参数、晶粒尺寸和微观应变密切相关。衍射峰的形状反映了样品中晶体的结构信息，同时也受到实验条件和仪器参数的影响。基本仪器参数如 X 射线波长、入射角度等对衍射峰形状有直接影响。合理选择仪器参数可以获得清晰的衍射峰，有利于准确分析样品的晶体结构。晶粒尺寸是影响衍射峰形状的重要因素之一。晶粒尺寸较小的样品会导致衍射峰变宽、变弱，甚至出现峰的拓宽和重叠，这会影响对晶体结构的准确解析。因此，在粉末衍射分析中需要考虑样品的晶粒尺寸，并根据实际情况选择合适的分析方法。微观应变也会影响衍射峰的形状。当样品中存在微观应变时，会导致衍射峰的位移和变形，从而影响衍射峰的解析和解释。通过粉末衍射分析可以检测微观应变，帮助研究人员了解样品的内部应力状态和变形情况。

衍射背景来源于多种因素，包括仪器散射、样品支撑底座和环境散射等。仪器散射是主要的背景来源之一，包括 X 射线管本身的散射、样品台座的散射等。这些散射信号会在衍射图谱中形成连续的背景，干扰样品衍射峰的观测和分析。样品支撑底座也会引入背景散射。底座材料的散射特性以及底座与 X 射线的相互作用都可能导致背景信号的出现。为了减少这种影响，研究人员通常会选择透射性好的底座材料或采取其他措施。环境散射也是造成衍射背景的重要因素。室内空气中的尘埃、水蒸气等微粒会散射 X 射线，产生背景信号。在进行粉末衍射实验时，需要尽可能减少环境散射的影响，以获得清晰的衍射图谱。为了准确分析样品的衍射信号，研究人员通常会采取一系列方法来处理衍射背景，如背景减除、背景拟合等。通过有效处理衍射背景，可以提高衍射图谱的质量，准确提取出样品的结构信息。

2.2.2　Topas 技术全谱图拟合精修的策略

Topas 是一款功能强大的晶体结构分析软件，集成了 Rietveld 粉末衍射全谱拟合精修晶体结构的优点，并添加了基本参数法、新的最小二乘迭代指标化方法和 Monte Carlo 指标化方法等多种功能。这些功能使得 Topas 软件在晶体结构分析领域具有广泛的应用前景。

在全谱图拟合精修过程中，首先需要对峰形参数进行处理。峰形参数是指描述衍射峰形状和宽度的参数，包括峰位、峰宽、峰高等。这些参数对于后续的结构参数精修至关重要。峰位是衍射峰在谱图中的位置，直接反映了晶体中原子或离子的排列方式。在该软件中，可以通过自动寻峰或手动调整的方式确定峰位。自动寻峰功能可以根据设定的阈值和算法自动检测谱图中的衍射峰，而手动调整则可以根据经验或实际需求对峰位进行微调。峰宽是衍射峰的宽度，受到多种因素的影响，如晶体粒度、微观应变等。在 Topas 软件中，可以通过调整峰宽参数来优化拟合结果。通常，可以根据衍射峰的形状和分布特点来选择合适的峰宽函数，并通过迭代计算来优化峰宽参数。峰高是衍射峰的强度，反映了晶体中原子或离子的散射能力。在 Topas 软件中，可以通过拟合峰高参数来优化拟合结果。通常，可以采用最小二乘法等优化算法来拟合峰高参数，使得拟合结果更加准确可靠。

在处理好峰形参数后，接下来需要对结构参数进行精修。结构参数是指描述晶体结构特征的参数，如晶胞参数、原子坐标等。这些参数的精确测定对于理解晶体的物理性质具有重要意义。晶胞参数是描述晶体结构的基本参数之一，反映了晶体中原子或离子的排列方式和空间分布。在 Topas 软件中，可以通过拟合衍射谱图来精修晶胞参数。通常，可以采用 Rietveld 全谱拟合方法或最小二乘法等优化算法来拟合晶胞参数，使得拟合结果更加准确可靠。原子坐标是描述晶体中原子或离子位置的参数。在 Topas 软件中，可以通过拟合衍射谱图来精修原子坐标。通常，可以采用最小二乘法等优化算法来拟合原子坐标参数，使得拟合结果更加符合实际晶体结构。在结构参数精修过程中，可以引入刚体和柔体模型来描述晶体中的原子或离子之间的相互作用。这些模型可以更好地模拟晶体结构的动态行为，从而提高拟合结果的准确性和可靠性。

Topas 技术全谱图拟合精修的策略是一种高效且准确的方法，用于精修晶体结构和理解其物理性质。通过先处理峰形参数后处理结构参数的顺序，可以充分利用衍射谱图的全部信息，提高拟合结果的准确性和可靠性。未来，随着计算机技术的不断发展和优化算法的不断完善，该技术在晶体结构分析领域的应用将更加广泛和深入。

2.2.3　精修结果正确性判据及结构精修常见问题

在 Topas 软件运行全谱图拟合精修后，通常会关注一系列参数和指标来评估精修结果的正确性。这些参数和指标不仅反映了拟合的优劣，还提供了对晶体结构更深入的理解。以下是六个关键的因素，它们共同构成了评价精修结果正确性的重要标准：

R 因子（R-factors）：R 因子是衡量实验数据与理论模型之间吻合程度的常用指标。其表达式分别是：

结构因子：

$$R_{\mathrm{F}} = \Sigma\{[I_{\mathrm{H}}(\mathrm{obs})]^{1/2} - [I_{\mathrm{H}}(\mathrm{cal})]^{1/2}\} / \Sigma[I_{\mathrm{H}}(\mathrm{obs})]^{1/2}$$

布拉格因子：

$$R_{\mathrm{B}} = \Sigma\{[I_{\mathrm{H}}(\mathrm{obs})] - [I_{\mathrm{H}}(\mathrm{cal})]\} / \Sigma[I_{\mathrm{H}}(\mathrm{obs})]$$

图形剩余方差因子：

$$R_{\mathrm{p}} = \Sigma\{[y_i(\mathrm{obs})] - [y_i(\mathrm{cal})]\} / \Sigma[y_i(\mathrm{obs})]$$

加权图形剩余方差因子：

$$R_{\mathrm{wp}} = \Sigma\{w_i[(y_i(\mathrm{obs}) - y_i(\mathrm{cal}))^2] / \Sigma w_i[y_i(\mathrm{obs})^2]\}^{1/2}$$

预期 R 因子：

$$R_{\mathrm{E}} = [(N - P) / \Sigma w_i[y_i(\mathrm{obs})^2]^{1/2}$$

S 拟合度指标：

$$S = R_{\mathrm{wp}} / R_{\mathrm{E}} = \Sigma w_i[(y_i(\mathrm{obs}) - y_i(\mathrm{cal}))^2 / (N - P)$$

（N 为实验观察数目，P 为修正参数数目）

其中，R_{wp}（加权图形剩余方差因子）和 R_{p}（图形剩余方差因子）是两个最为重要的 R 因子。R_{wp} 考虑了数据点的权重，对于那些强峰和信噪比高的数据点给予更大的权重，从而更准确地反映拟合情况。R_{p} 则不考虑权重，直接比较实验数据和理论模型的轮廓。一般来说，R_{wp} 和 R_{p} 的值越小，表示拟合结果越好，但需要注意的是，过低的 R 因子值也可能意味着过度拟合。

拟合优度（goodness of fit, GOF）：拟合优度是一个统计量，用于评估模型对数据的解释能力。在 Topas 中，拟合优度通常表示为 χ^2（卡方统计量）与自由度（degrees of freedom, df）的比值。当 χ^2/df 的值接近 1 时，表示模型很好地解释了实验数据，没有过多的残差。然而，如果 χ^2/df 的值远大于 1，则可能意味着模型过于简单，无法充分描述数据的复杂性；如果 χ^2/df 的值远小于 1，则可能意味着过度拟合，即模型过于复杂，包含了过多的参数。

残差图（residual plot）：残差图展示了实验数据与理论模型之间的差异。在 Topas 中，残差图通常以衍射角度为横坐标，以残差（实验数据减去理论模型预测值）为纵坐标。通过观察残差图，可以发现数据中可能存在的异常值或系统误差，进而评估精修结果的可靠性。如果残差图显示大部分数据点都紧密地分布在零残差线附近，那么说明拟合结果较好。

结构参数的合理性：精修得到的结构参数，如晶胞参数、原子坐标等，应该符合物理和化学的基本原理。例如，原子坐标应该在合理的化学键范围内，晶胞参数应该符合晶体学的基本规则。如果精修得到的结构参数与已知的物理和化学知识相矛盾，那么就需要重新审视精修过程和参数设置。

衍射峰的匹配度：衍射峰的匹配度是评价精修结果正确性的另一个重要指标。在 Topas 中，可以将实验谱图中的衍射峰与理论模型预测的衍射峰进行对比。如果两者能够很好地匹配，那么说明理论模型能够很好地解释实验数据。然而,需要注意的是,由于实验条件和数据处理的差异,实验谱图中的衍射峰可能会出现偏移、分裂或合并等现象。因此,在评价衍射峰匹配度时,需要综合考虑这些因素。

精修过程的稳定性:精修过程的稳定性是评估精修结果正确性的一个重要方面。一个稳定的精修过程应该能够快速地收敛到最优解,并且在迭代过程中参数的变化应该是平滑和稳定的。如果精修过程出现了振荡、发散或收敛到非最优解的情况,那么就需要重新审视精修算法和参数设置。此外,还可以通过比较不同初始条件下的精修结果来评估精修过程的稳定性。

这六个因数共同构成了评价 Topas 全谱图拟合精修结果正确性的重要标准。在实际应用中,我们需要综合考虑这些因子来评估精修结果的可靠性,并根据需要调整精修算法和参数设置以优化拟合结果。

在某些情况下,即使 R_p、R_{wp} 和 S 值在某一范围内振荡,修正的参数变化可能仍然很大。这可能是由于模型选择不当、参数设置不合理或数据质量不佳等原因导致的。因此,不能仅仅依赖这些参数的振荡来判断精修的终点。尝试不同的模型或放开其他参数。通过更换峰形函数、择优取向函数或表面粗糙度函数,或者放开某些参数(如重原子的各向异性温度因子),可以观察是否能够得到更低的 R_p、R_{wp} 和 S 值。如果新的模型或参数设置能够显著改善这些指标,则可能意味着找到了一个更合适的模型或参数设置。

利用 R_{wp} 和 S 值进行初步判断。通常,当 R_{wp} 小于 15%且 S 值在 1~2 时,可以认为 Rietveld 精修的结果是可信的,所得到的原子参数也是可靠的。然而,这只是一个大致的参考范围,具体还需要结合实际情况进行判断。除了上述的定量指标外，还需要考虑其他因素来评估精修结果的好坏。在 Rietveld 精修中判断终点和评估结果的好坏是一个复杂而细致的过程。需要综合考虑多个因素，包括修正过程中的参数变化、尝试不同的模型或参数设置以及利用定量指标进行初步判断。只有这样，才能确保所得到的晶体结构信息是准确可靠的。

第3章 精修技术

3.1 Topas 技术功能及特点

Topas 全谱分析软件（total pattern solution）在 X 射线衍射（XRD）分析中具有深远的影响和广泛的应用。该软件是德国 Bruker 公司基于先进技术和多年研究经验推出的，旨在为用户提供一种高效、准确且功能强大的 XRD 数据分析工具。

Topas 软件在处理 XRD 数据时表现出极高的效率。它能够快速读取大量数据，并进行预处理，如噪声去除、基线校正等，以确保后续分析的准确性。同时，该软件还具备强大的数据分析能力，能够快速完成晶胞参数计算、物相鉴定、晶粒尺寸分析等任务，为用户提供丰富的晶体结构信息。在处理数据的过程中，采用了先进的算法和技术，如 Rietveld 全谱拟合算法，该算法能够充分利用 XRD 谱线中的全部信息，提高分析结果的准确性和可靠性。此外，还支持多线程处理和数据并行计算，进一步提高了数据处理和分析的速度。在晶体结构分析方面表现出强大的能力。它不仅能够进行基本的晶胞参数计算，还能够进行复杂的物相鉴定和晶粒尺寸分析。通过精细的拟合和优化算法，能够准确识别出样品中的不同物相，并给出各物相的含量和晶体结构信息。此外，该软件还能够分析晶粒尺寸和分布，为材料性能研究提供重要参考。在晶体结构分析过程中，支持多种晶体结构模型，如粉末晶体、单晶等，能够满足不同研究领域的需求。同时，该软件还提供了丰富的可视化工具，如三维晶体结构图、衍射图谱等，使用户能够更直观地了解样品的晶体结构信息。

Topas 软件在参数设置方面表现出极大的灵活性。用户可以根据实际需求设置各种参数，如扫描范围、步长、扫描速度等，以满足不同的实验要求。这种灵活性使其能够适应各种复杂的实验条件和数据需求，为用户提供更加个性化的分析服务。还支持多种数据导入和导出格式，方便用户与其他软件进行数据交换和共享。此外，该软件还提供了丰富的数据处理和分析选项，如滤波、平滑、积分等，以满足不同用户的数据处理需求。采用直观的用户界面设计，使用户能够轻松上手，快速掌握软件的使用方法。该软件的界面设计简洁明了，操作流程清晰易懂，使用户能够轻松完成数据处理和分析任务。同时，还提供了详细的帮助文档和技术支持，方便用户在使用过程中随时查阅和解决问题。

Topas 全谱分析软件在 X 射线衍射分析中的应用具有广泛的前景和潜力。它不仅能够提供高效、准确的数据处理和分析服务，还能够满足不同用户的个性化需求，为材料科学、化学、物理等领域的研究提供有力支持。

Topas 安装与配置如下。

1. 安装前的准备

在安装 Topas 软件之前，需要做好以下准备工作。

确认操作系统兼容性：Topas 软件支持多种操作系统，如 Windows、Linux 等。在安装前，需要确认操作系统与 Topas 软件兼容。

准备安装文件：从 Bruker 公司官方网站或其他可靠来源获取 Topas 软件的安装文件。确保安装文件的完整性和安全性。

检查硬件要求：Topas 软件对计算机硬件有一定的要求，包括处理器、内存、硬盘空间等。在安装前，请检查您的计算机是否满足这些要求。

2. 安装过程

解压安装文件：将下载的 Topas 软件安装文件解压到指定的目录。注意，解压路径最好不包含中文字符或特殊符号，以避免安装过程中出现问题。

运行安装程序：双击解压后的安装程序，开始安装 Topas 软件。在安装过程中，按照提示进行操作，如选择安装目录、确认用户协议等。

配置环境变量：安装完成后，需要配置相关的环境变量，以便在命令行中直接运行 Topas 软件。具体配置方法因操作系统而异，参考相关文档或向技术支持人员咨询。

3. 配置过程

许可证配置：Topas 软件是商业软件，需要购买许可证才能使用。在安装完成后，需要配置许可证文件。将许可证文件放置在指定的目录下，并在软件中指定该目录，以便软件能够正确读取许可证信息。

数据路径配置：Topas 软件需要访问一些数据文件，如晶体结构数据库、XRD 谱线数据等。在配置过程中，需要指定这些数据文件的存储路径，以便软件能够正确读取和写入数据。

仪器连接配置：如果需要将 Topas 软件与 X 射线衍射仪等仪器进行

连接，还需要进行仪器连接配置。在配置过程中，需要指定仪器的型号、通信协议等参数，以便软件能够与仪器进行通信和数据传输。

自定义配置：除了以上基本配置外，用户还可以根据自己的需求进行自定义配置。例如，可以设置默认的扫描参数、分析参数等，以便在后续使用中提高工作效率。

3.2　用 户 界 面

图 3.1 是 Topas 的用户窗口（Topas-Academic），用户窗口的优点体现在其直观友好的界面设计上，使用户能够轻松上手并高效地进行 XRD 数据分析。用户窗口提供了强大的数据处理功能，内置了丰富的算法和工具，可以快速、准确地对复杂的 XRD 数据进行分析和解释。Topas 用户窗口还支持高度定制化的分析选项，用户可以根据自己的研究需求进行灵活设置，从而得到更加精确和有针对性的分析结果。这些优点使 Topas 成为 XRD 数据分析领域的佼佼者，深受科研工作者和工程师的青睐。

Topas 窗口的设计简洁直观，最上方是菜单栏，为用户提供了一系列操作选项。其中，菜单栏的第一项是 File 菜单，它包含了用户与软件交互的基本功能。如图 3.2 所示，File 菜单中包含了打开、保存、另存为、导入、导出等常用文件操作，方便用户轻松管理 XRD 数据和项目文件。这些功能的设置使用户在使用 Topas 进行 XRD 数据分析时，能够更加方便地进行文件管理和数据交互。

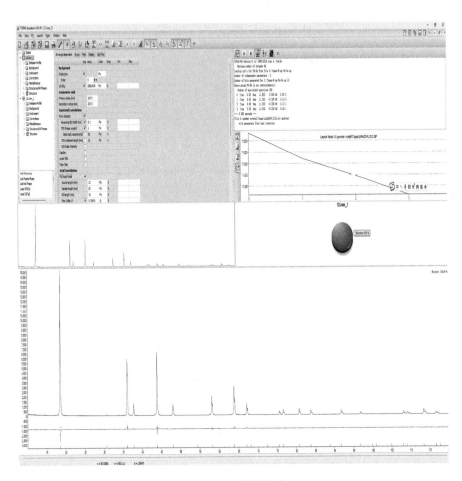

图 3.1 Topas 的用户窗口

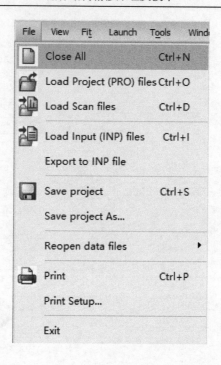

图 3.2　　File 菜单

　　图 3.3 展示了 Topas 软件中的 View 菜单，这是用户与软件界面交互的关键部分，为用户提供了灵活的视图控制和界面定制选项。在 View 菜单中，用户可以轻松调整软件界面的布局和显示内容，以满足不同的分析需求。例如，用户可以选择显示或隐藏特定的工具栏、面板或窗口，以便更专注于当前的分析任务。此外，View 菜单还提供了多种视图模式，如全屏模式、多窗口模式等，以适应不同的工作环境和屏幕尺寸。用户可以选择显示或隐藏特定的工具栏，以便在需要时快速访问常用工具。用户可以根据需要打开或关闭特定的分析面板、数据窗口或图形界面，以便更好地组织工作界面。用户还可以自定义界面的布局，如调整窗口大小、位置等，以便更加舒适地使用软件。为了满足不同用户的视觉偏

好，软件通常还提供了多种颜色和主题选项，用户可以在 View 菜单中进行选择和设置。View 菜单为 Topas 软件用户提供了丰富的界面定制选项，使用户能够根据自己的需求灵活调整软件界面，提高分析效率和工作体验。

图 3.3　View 菜单

图 3.4 展示了 Topas 软件中的 Fit 菜单,这是进行 X 射线衍射(XRD)数据分析时至关重要的一个部分。Fit 菜单主要用于对 XRD 数据进行拟合分析,帮助用户深入了解样品的晶体结构。通过该菜单,用户可以执行一系列拟合操作,如 Rietveld 全谱拟合、物相鉴定、晶胞参数计算等。这些功能对于精确分析样品的晶体结构、物相组成以及晶粒尺寸等关键参数至关重要。在 Fit 菜单中,Fit Window(拟合窗口)在 X 射线衍射(XRD)数据分析中扮演着至关重要的角色。Fit Window 是用户启动拟合过程的主要界面。用户可以通过点击 Run 按钮来启动拟合,该过程将基于当前设置的模型和参数对实验数据进行优化。在拟合过程中,Fit Window 会显示拟合的实时状态,包括迭代次数、拟合优度(如 R 因子)等关键指标,帮助用户了解拟合的进展和效果。

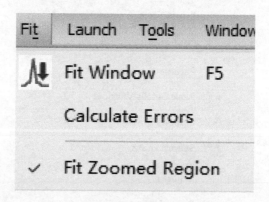

图 3.4　Fit 菜单

图 3.5 展示的 Topas 软件中的 Launch 菜单,是该软件启动各种功能和工具的关键入口。在 Launch 菜单下,用户可以方便地启动各种与 X 射线衍射(XRD)数据分析相关的功能和工具。Launch 菜单包含多个子菜单或选项,每个选项都对应着一种特定的功能或工具。其中 Set INP File

是设置输入文件（inp 文件），是进行数据分析和模拟的关键步骤。Inp
文件是 Topas 的输入指令集，包含了所有用于指导软件如何运行和分析
的数据和参数。要设置 inp 文件，用户首先需要明确自己的分析目标和
需求。然后，根据 Topas 的语法和指令规范编写或修改 inp 文件。这通
常涉及指定样品的化学成分、晶体结构、数据路径、拟合算法和参数
限制等信息。在编写 inp 文件时，用户需要确保指令的准确性和完整
性。每个指令都有其特定的语法和格式要求，必须严格按照规范填写。
此外，还需要注意数据的一致性和逻辑关系的正确性，以避免在分析
过程中出现错误或偏差。一旦 inp 文件设置完成，用户就可以将其导
入 Topas 软件中，并启动相应的分析任务。Topas 将根据 inp 文件中的
指令和数据，自动执行相应的计算和分析过程，并生成相应的输出文
件和结果报告。

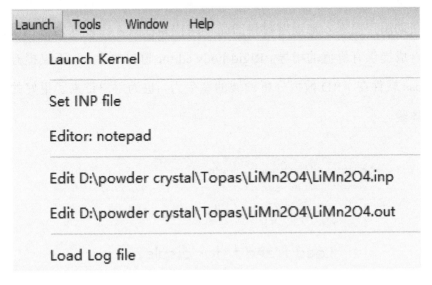

图 3.5　Launch 菜单

　　图 3.6 展示了 Topas 软件中的 Tools 菜单，这是一个集合了多种实用工具和辅助功能的区域，为用户在 X 射线衍射（XRD）数据分析过程中提供了极大的便利。在 Tools 菜单下，用户可以找到一系列用于数据处理、分析优化和结果可视化的工具。其中 Rigid-body editor 窗口为用户提供了一个直观且强大的工具，用于编辑和模拟 X 射线衍射（XRD）分析中的刚性体结构。这一创新功能为晶体结构和材料科学的研究人员带来了前所未有的便利和效率。Rigid-body editor 窗口允许用户直接定义和编辑刚性体的各项参数，包括原子位置、化学键、晶胞尺寸等。用户可以通过简单的拖拽和输入操作，轻松调整刚性体的结构和组成。这种直观的操作方式极大地简化了复杂结构的建模过程，减少了用户的学习成本和时间投入。除了编辑功能外，Rigid-body editor 窗口还提供了丰富的模拟和分析工具。用户可以模拟刚性体在不同条件下的 XRD 图谱，并通过与实验数据进行比较，验证和优化模型参数。这些工具不仅可以帮助用户更深入地理解材料的晶体结构和性质，还可以为材料设计和合成提供有价值的指导。Rigid-body editor 窗口的引入，不仅提升了Topas 软件在 XRD 数据分析领域的竞争力，也为用户带来了更好的使用体验。

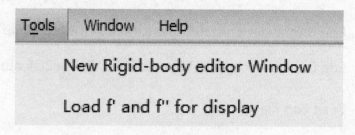

图 3.6　Tools 菜单

　　图 3.7 展示了 Topas 软件中的 Window 菜单，这是一个用于管理软件界面窗口的便捷工具。通过 Window 菜单，用户可以轻松打开、关闭、排列或调整软件中的各个窗口，如数据视图、分析面板、图形界面等。这不仅提高了工作效率，还允许用户根据个人喜好或分析需求自定义工作界面。此外，Window 菜单还提供了全屏显示、多窗口切换等高级功能，为用户提供了更加灵活和舒适的工作环境。

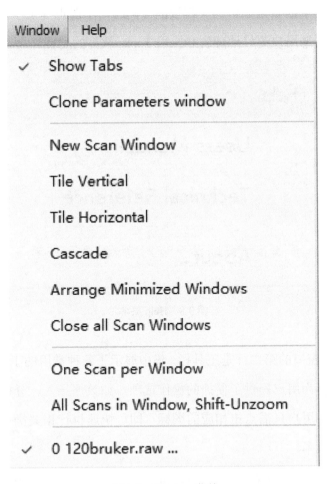

图 3.7　Window 菜单

图 3.8　是 Topas 软件中的 Help 菜单，它是用户获取帮助和支持的重要入口。通过点击 Help 菜单，用户可以轻松访问软件的在线文档。这些资源为用户提供了详细的软件使用说明、操作指南和技巧，帮助用户更好地理解和使用 Topas 软件。其中 User Manual 是 Topas 软件用户的重要参考资料。手册详细介绍了软件的功能、操作界面、基本操作流程和高级应用技巧。通过阅读手册，用户可以快速了解软件的基本架构和操作流程，掌握数据分析的关键技能。同时，手册也提供了丰富的示例和案例，帮助用户更好地理解和应用 Topas 软件的功能。

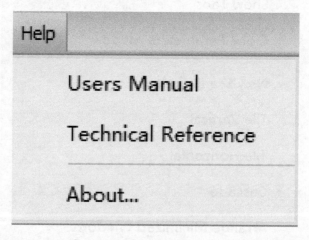

图 3.8　Help 菜单

Topas 窗口的第二行是工具栏，集中展示了各种常用的工具图标。这些工具图标为用户提供了便捷的操作选项，如数据导入、分析启动、图形编辑等。用户只需点击相应的图标，即可快速执行相关操作，提高数据分析的效率。

图 3.9 是 Remove all files and date from the memory 工具，展示了清除文件和数据的操作，这一步骤旨在释放系统资源，提升性能，并保护

数据安全。

图 3.9   Remove all files and date from the memory 工具

图 3.10 展示了 Load project file 工具。这个工具允许用户方便地加载先前保存的项目文件，从而快速恢复之前的工作状态或进行项目的继续分析。通过点击 Load project file 按钮，用户可以浏览并选择保存在本地或网络上的项目文件，然后将其加载到 Topas 软件中。加载后，软件将自动还原项目的所有设置、参数、数据和分析结果，使用户能够无缝地继续之前的工作。

图 3.10   Load project file 工具

图 3.11 展示了 Topas 软件中的 Load Scan files 工具，它是用户导入和加载扫描文件的关键入口。这一工具使得用户能够轻松地将实验设备产生的扫描数据文件（如 XRD 扫描数据）导入 Topas 软件中进行分析。通过点击 Load Scan files 按钮，用户可以选择并加载本地或远程存储的扫描文件，软件随后会解析这些数据，并在界面上展示相应的图形和分析选项。这一功能为用户提供了极大的灵活性，使他们能够快速地加载并处理各种扫描数据。

图 3.11　Load Scan files 工具

　　图 3.12 是 Topas 软件中的 Load Input files 工具，它允许用户方便地加载输入文件，这些文件通常包含了用户定义的参数、设置以及分析指令。通过点击 Load Input files 按钮，用户可以浏览并选择存储在本地或服务器上的输入文件，然后将其加载到 Topas 软件中。加载后的输入文件将自动应用到当前的分析项目中，指导软件进行特定的数据处理和分析，这一功能使得用户能够灵活地管理和复用分析参数。

图 3.12　Load Input files 工具

　　图 3.13 展示了 Save current files 工具，它允许用户快速保存当前打开或编辑的文件。点击该工具，用户可以选择保存位置、命名文件，确保工作成果得到妥善保存，便于后续查阅和编辑。

图 3.13　Save current files 工具

图 3.14 展示了 Print graphics of active Window 工具，这一功能使用户能够轻松打印当前活动窗口中的图形内容。点击该工具，用户可以直接将选中的图表或图像打印出来，方便进行汇报、展示或存档。

图 3.14　Print graphics of active Window 工具

图 3.15 展示了 Display Parameters Window 工具，它是 Topas 软件中一项重要的功能。通过点击这个工具，用户可以方便地打开参数窗口，查看和编辑当前分析项目中的各种参数设置。这个窗口通常包含了丰富的参数选项，如扫描参数、分析参数、数据处理参数等，用户可以根据需要进行个性化的设置。

Display Parameters Window 工具的使用不仅提高了用户操作的便捷性，还增强了用户对分析过程的掌控能力。用户可以根据实验要求或数据分析的需要，灵活地调整参数设置，以达到更精确的分析结果。同时，这个工具也支持参数的保存和加载，方便用户在不同项目之间复用和共享参数设置。

图 3.15　Display Parameters Window 工具

图 3.16 展示了 Display Fit Window 工具，它是 Topas 软件中用于显示拟合结果的重要窗口。点击此工具，用户可以直观地查看数据拟合的图形和详细参数。通过该窗口，用户可以快速评估拟合效果，如残差分析、拟合曲线与实际数据的对比等。这一工具不仅增强了用户对拟合过程的可视化理解，还提高了数据分析的效率和准确性。

图 3.16　Display Fit Window 工具

图 3.17 展示了 Display Insert Peaks and Peak Detail Window 工具，这是一个用于在数据分析中插入和查看峰位及其详细信息的窗口。通过此工具，用户可以轻松地在谱图中添加标记，指示特定的峰位，并查看这些峰的详细信息，如峰高、峰宽、积分面积等。这不仅有助于用户快速识别和分析关键峰位，还能提升数据分析的准确性和效率。

图 3.17　Display Insert Peaks and Peak Detail Window 工具

图 3.18 展示了 Display Option Window 工具，它是 Topas 软件中用于定制显示选项的窗口。通过点击此工具，用户可以访问一系列设置，以个性化软件界面的显示方式。其中，Insert Peak 功能允许用户在分析谱图中手动添加或标记峰值，这有助于识别特定物质或组分的存在。通

过简单的操作，用户可以指定峰的位置、高度和其他相关参数，从而更准确地解读数据。

图 3.18 Display Option Window 工具

图 3.19 展示了 Automatic Insert Peaks 工具，这是一个在 Topas 软件中高效分析数据的重要功能。此工具能自动识别和标记谱图中的峰值，无需用户手动操作。通过先进的算法，它能够准确检测峰的位置、高度和宽度，为用户提供丰富的峰值信息。使用 Automatic Insert Peaks 工具，用户能更快速地分析数据，提高工作效率，并减少人为误差，确保分析结果的准确性和可靠性。

图 3.19 Automatic Insert Peaks 工具

图 3.20 展示了 Display/Hide Quick-Zoom Window 工具，这是一个在 Topas 软件中用于快速调整数据视图范围的重要功能。通过点击此工具，用户可以轻松显示或隐藏快速缩放窗口，从而实现对数据图的精确控制。该窗口通常包含一系列缩放和导航工具，使用户能够迅速定位到感兴趣的区域，进行更详细的数据分析。

图 3.20　Display/Hide Quick-Zoom Window 工具

图 3.21 是 Display next/previous files 工具。Display next/previous files 工具是一个专为数据分析设计的便捷功能。它允许用户轻松地在当前项目中的多个数据文件之间切换，无需重新加载或设置。这一功能对于连续处理和分析一系列相关数据文件特别有用，如一系列实验扫描数据。用户只需点击 next 或 previous，即可立即查看前一个或后一个文件的分析结果，极大地提高了数据处理的效率。

图 3.21　Display next/previous files 工具

图 3.22 是 Compress X-Axis of Scan Window 工具。Compress X-Axis of Scan Window 工具是一个非常实用的功能。当分析扫描数据时，如果 X 轴的数据点过于密集，可能会使得图形难以阅读。此时，通过该工具，用户可以方便地压缩 X 轴，使图形在水平方向上更加紧凑，从而更容易观察和分析数据的细节和趋势。这一功能极大地提高了数据可视化的效果，为 Topas 用户提供了更加便捷和高效的数据分析体验。

图 3.22 Compress X-Axis of Scan Window 工具

图 3.23 是 Fix Y1 to Zero、Fix Y1 to min value 工具，Fix Y1 to Zero 和 Fix Y1 to min value 是两个实用的 Y 轴调整工具。Fix Y1 to Zero 功能可以将 Y1 轴（通常是主要数据轴）的起始点固定在零值，方便用户观察数据相对于零点的变化。而 Fix Y1 to min value 功能则允许用户将 Y1 轴的起始点固定在数据的最小值，这对于分析具有负值或较大数据范围的数据集特别有用。

图 3.23 Fix Y1 to Zero、Fix Y1 to min value 工具

图 3.24 展示了 Fix Y2 to max value 和 Dont Fix Y2 to max value 两个工具选项，用于调整双 Y 轴图表中 Y2 轴的最大值显示。选择 Fix Y2 to max value 时，Y2 轴将自动设置为显示当前数据的最大值，便于用户快速识别数据范围。而 Dont Fix Y2 to max value 则不允许 Y2 轴根据数据自动调整，适合需要灵活调整轴范围的应用场景。

图 3.24　Fix Y2 to max value 和 Dont Fix Y2 to max value 工具

图 3.25 展示了 X 轴坐标类型的选择工具，包括 Change X-Axis to linear、Q 和 d 选项。这些工具允许用户根据分析需求调整 X 轴的坐标类型。选择 linear 时，X 轴将采用线性刻度，适用于大多数常规分析。而 Q 和 d 则分别代表波矢量和晶面间距，这些选项在特定的材料分析或结构研究中尤为重要。

图 3.25　Change X-Axis to linear、Q、d 工具

图 3.26 展示了 Y1 轴坐标类型的调整工具，提供了 Change Y1-Axis to linear、Sqt(y)（平方根），以及 Ln(y)（自然对数）三种选项。这些选项允许用户根据数据的特性和分析需求，选择合适的 Y 轴坐标类型。线性刻度适用于大多数常规数据，而平方根和对数刻度则有助于更好地展示具有特定分布或变化范围的数据。

图 3.26　Change Y1-Axis to linear、Sqt(y)、Ln(y)工具

图 3.27 展示的 **XY-offset** 工具是一项非常实用的功能。它允许用户
对图表中的 X 轴和 Y 轴进行偏移调整，以便更好地展示数据的细节和特
征。通过调整 X 轴偏移，用户可以平移图表在 X 轴方向上的位置，从而
更容易观察特定区间的数据变化。同样，Y 轴偏移可以帮助用户调整图
表在 Y 轴方向上的位置，避免数据点过于集中或分散。

图 3.27　XY-offset 工具

如图 3.28 所示的 Show Calculate Curve 工具是一项强大的数据分析
功能。这一工具允许用户根据当前的数据集和特定的计算模型，自动生
成并显示计算曲线。通过 Show Calculate Curve，用户可以直观地看到
模拟或预测的数据趋势，并与实际测量数据进行对比。这不仅有助于用
户深入理解数据的内在规律，还能辅助用户进行更精确的参数调整和
优化。

图 3.28　Show Calculate Curve 工具

如图 3.29 所示的 Show difference Curve 工具是数据分析时的一个强
大辅助。该工具能够自动计算并展示两条选定曲线之间的差异，通过直
观的图示帮助用户快速识别不同数据集之间的差异或变化趋势。无论是

对比实验前后的数据，还是分析不同条件下的数据变化，这一工具都能
提供有力的支持。

图 3.29　Show different Curve 工具

图 3.30 展示了 Show Background Curve 工具，这是一项用于数据分
析和可视化的重要功能。通过该工具，用户可以轻松显示背景曲线，从
而更准确地分析实验数据的主体部分。背景曲线通常代表实验中的非目
标信号或干扰因素，通过将其单独展示，用户可以更好地理解和处理这
些数据。

图 3.30　Show Background Curve 工具

图 3.31 展示的 Show Single Peak Curve 工具是数据分析时的一个便
捷功能。该工具允许用户选择并单独展示数据集中的单一峰曲线，从而
更清晰地观察和分析特定峰位的形状、位置和强度。通过聚焦于单一峰，
用户可以更精确地提取峰位信息，如峰高、峰宽等，进而深入研究该峰
位所代表的物质或组分。

图 3.31 Show Single Peak Curve 工具

在图 3.32 中，Show hkl tick 工具是一项专为晶体学数据分析而设计的可视化功能。此工具能够在晶体衍射图中显示 *hkl* 标记（*hkl* 是晶体学中用于描述晶格向量和衍射条件的三个整数），帮助用户更直观地理解晶体结构和衍射数据之间的关系。通过启用 Show hkl tick，用户可以迅速定位到特定的衍射峰，并据此分析晶体的结构特征、取向等信息。

图 3.32 Show hkl tick 工具

在图 3.33 中，Show phase name 工具是一个便捷的数据标注功能。这一工具允许用户在分析多相体系（如复合材料、合金等）的衍射数据时，直接在图表上展示各个相的名称。通过 Show phase name，用户可以迅速识别不同相对应的衍射峰，从而更准确地分析各相的含量、结构等信息。

图 3.33 Show phase name 工具

在图 3.34 中，Topas 软件的 Show cumulative chi2 工具是用于拟合优化分析的重要辅助工具。Chi2（χ^2）是一个用于量化实验数据与理论模型之间差异的统计量，而 Show cumulative chi2 则能够展示随着拟合参数的变化，Chi2 值的累积变化情况。这一功能有助于用户实时跟踪拟合优化的进展，判断模型与实验数据的吻合程度，并据此调整拟合策略。

图 3.34　Show cumulative chi2　工具

在图 3.35 中，Topas 软件的 Show normalized sigmaYobs^2 工具是一个关键的数据分析功能。这一工具用于展示标准化后的观测值（Yobs）的平方与预测值之间的残差平方和（sigmaYobs^2），并对其进行归一化处理。通过这一功能，用户可以直观地了解观测数据与理论预测之间的吻合程度，并据此评估模型的准确性和可靠性。

图 3.35　Show normalized sigmaYobs^2　工具

第4章 精修分析

4.1 粉末衍射结构解析中的指标化

指标化在粉末衍射晶体结构测定中确实扮演着举足轻重的角色。它是通过分析衍射图谱中的各个衍射峰，确定它们各自对应的晶面指标（如 h、k、l），进而揭示晶体内部结构的关键步骤。指标化过程能够准确地将每个衍射峰与晶体的晶面联系起来，这不仅有助于理解晶体的原子排列规律，还能为后续的晶体结构解析提供重要依据。同时，通过指标化，还能获得晶胞参数（a、b、c）等关键信息，这些信息对于晶体点阵和倒易点阵的重建至关重要。指标化还能提供关于晶体对称性的重要线索。它能帮助确定晶体所属的晶系、点阵类型以及可能的空间群，这些信息对于理解晶体的物理和化学性质具有重要意义。例如，不同的晶系和点阵类型可能导致晶体在光学、热学或电学性质上的差异，而空间群则能进一步揭示晶体内部原子排列的对称性。指标化是粉末衍射晶体结构测定中不可或缺的一环。它不仅能够给出每个衍射峰对应的晶面指标和晶胞参数，还能提供关于晶体对称性的重要信息，为深入理解晶体的结构和性质提供了有力的工具。

在粉末衍射晶体结构分析中，指标化样品的要求至关重要，它直接决定了后续结构解析的准确性和可靠性。样品需要是纯相的，即尽可能减少杂质峰。这是因为杂质峰会干扰主要衍射峰的识别和解析，从而影响晶体结构的准确测定。因此，在样品制备过程中，应严格控制制备条件，确保样品的纯度。如果样品中存在杂质，可以通过化学提纯、物理分离或重结晶等方法来去除。样品的结晶性要好，颗粒要小而均匀，以便有足够多的晶粒参与衍射。这是因为衍射峰的强度和清晰度与参与衍射的晶粒数量有关。如果晶粒数量不足或颗粒过大，会导致衍射峰信号弱、分辨率低，影响晶体结构的准确测定。因此，在样品制备过程中，应优化结晶条件，控制颗粒大小和分布。需要使用高度准直的衍射仪进行衍射实验。这是因为衍射仪的准直度直接影响衍射峰的精确位置。如果衍射仪的准直度不够高，会导致衍射峰位置偏移，影响晶体结构的准确测定。因此，在选择衍射仪时，应选择具有高准直度和高分辨率的仪器，以确保衍射峰位置的准确性。实验条件的选择也非常重要。需要选择合适的扫描范围、扫描速度和 X 射线波长等参数，以确保获得足够数量和质量的衍射峰。一般来说，20～30 个衍射峰可以提供足够的晶体结构信息。在实验过程中，还需要注意避免过曝或欠曝等问题，以确保衍射数据的准确性和可靠性。

在指标化的过程中，LSI（最小二乘迭代法）和 LP（线性预测）方法是两种常用的方法。LSI 方法是一种基于最小二乘原理的迭代方法，它通过不断迭代优化指标化参数，使得计算出的衍射峰位置与实际观测到的衍射峰位置之间的误差达到最小。这种方法在处理复杂晶体结构时表现出色，因为它能够同时考虑多个衍射峰的信息，并通过迭代优化来得到最优的指标化参数。LSI 方法的优点是精度高、适应性强，但需要较长的计算时间和较高的计算资源。LP 方法则是一种基于线性预测的方法，它通过分析已知晶体结构的衍射峰信息，建立预测模型来预测未知晶体结构的衍射峰位置。这种方法在计算速度和资源消耗上相对较低，适用于快速指标化的情况。然而，LP 方法的精度受到预测模型准确性的影响，如果预测模型不够准确，可能会导致指标化结果出现偏差。LSI 方法和 LP 方法各有优缺点，选择哪种方法取决于具体的应用场景和需求。在实际应用中，可以根据样品的特性、实验条件和分析需求来选择合适的指标化方法。无论选择哪种方法，都需要对实验数据进行仔细的分析和处理，以确保指标化结果的准确性和可靠性。

4.2　磷酸铁锂的精修

当打开图 4.1 所示的 PowDLL Converter 窗口时，首先映入眼帘的是一个简洁明了的界面。这个窗口为粉末衍射数据文件的转换提供了便利。在窗口的顶部有菜单栏，中间部分则是数据预览区，可以显示当前加载的粉末衍射数据文件的基本信息或预览图。在 PowDLL Converter 窗口的下方，有一系列参数显示，这些设置选项确保了用户能够根据自己的需求定制转换过程。PowDLL Converter 是一个专为粉末衍射数据转换设计的高效软件。它能够处理最常见的文件格式，包括二进制和 ASCII，使得不同数据格式之间的转换变得简单而快速。该软件不仅可以在 Windows 系统上运行，还可以通过虚拟机在 Linux 系统上使用，展现了其强大的跨平台能力。PowDLL Converter 的下载和安装过程十分便捷，软件大小不到 500KB，无需烦琐的安装步骤，只需解压即可使用。对于需要进行粉末衍射数据转换的用户来说，PowDLL Converter 无疑是一个理想的工具，能够帮助他们轻松应对各种数据格式的挑战。

点击图 4.1 中的 Open 按钮,选择并导入日本理学的数据文件。随后,软件会加载并显示这些数据,将在界面上看到类似图 4.2 的窗口。接下来,点击 Save as 按钮,选择适当的文件夹以保存转换后的数据文件。此时,你将看到如图 4.3 所示的保存路径选择窗口。然后,点击 Covert 按钮,这将会启动数据转换过程。在此过程中,会出现一个设置波长的窗口(图 4.4),可以根据实际需求调整波长参数。完成所有设置后,点击 Ok 按钮,PowDLL Converter 将会开始转换数据。转换完成后,将获得一个 Topas 可以识别的数据格式文件,从而方便后续的数据处理和分析工作(图 4.5)。

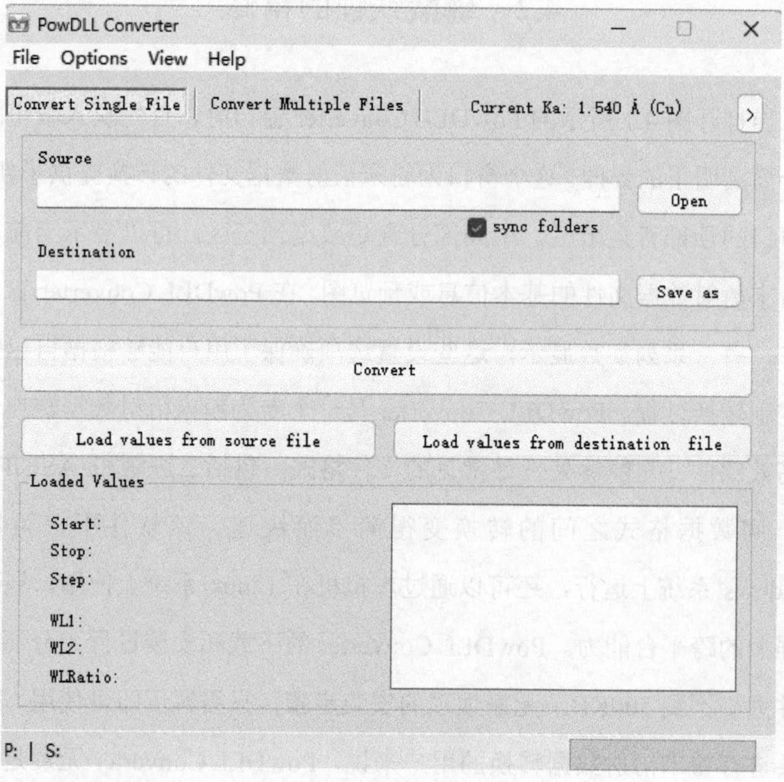

图 4.1 PowDLL Converter 窗口

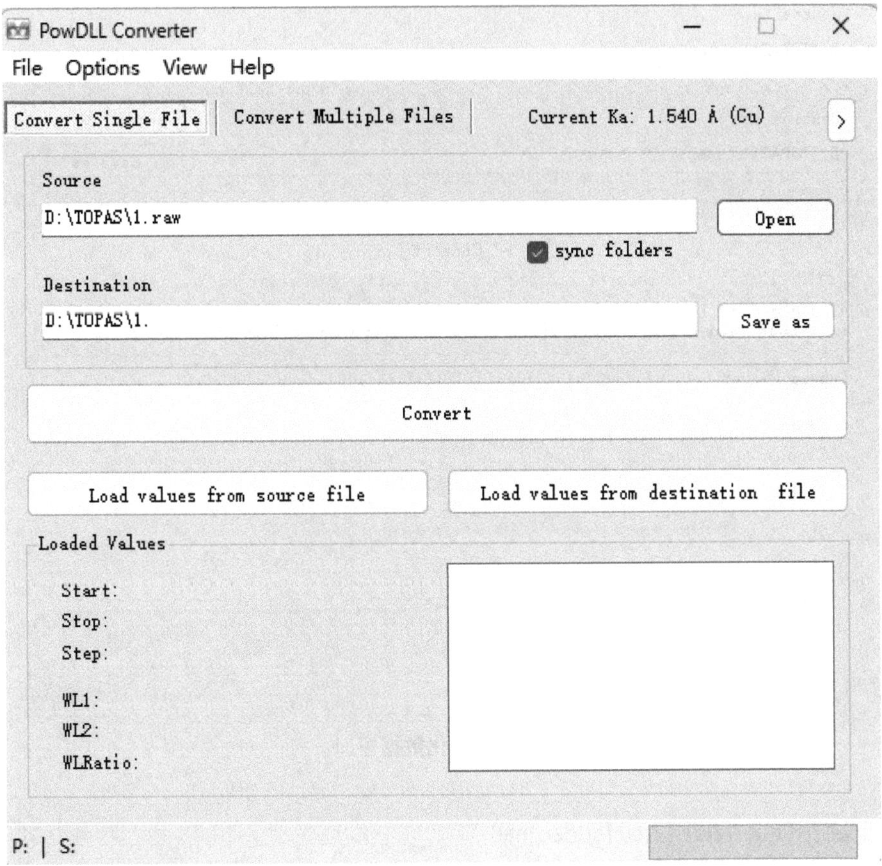
PowDLL Converter
File Options View Help
Convert Single File
Convert Multiple Files
Current Kα: 1.540 Å (Cu)
Source
D:\TOPAS\1.raw
Open
sync folders
Destination
D:\TOPAS\1.
Save as
Convert
Load values from source file
Load values from destination file
Loaded Values
Start:
Stop:
Step:
WL1:
WL2:
WLRatio:
P: | S:

图 4.2 输入数据窗口

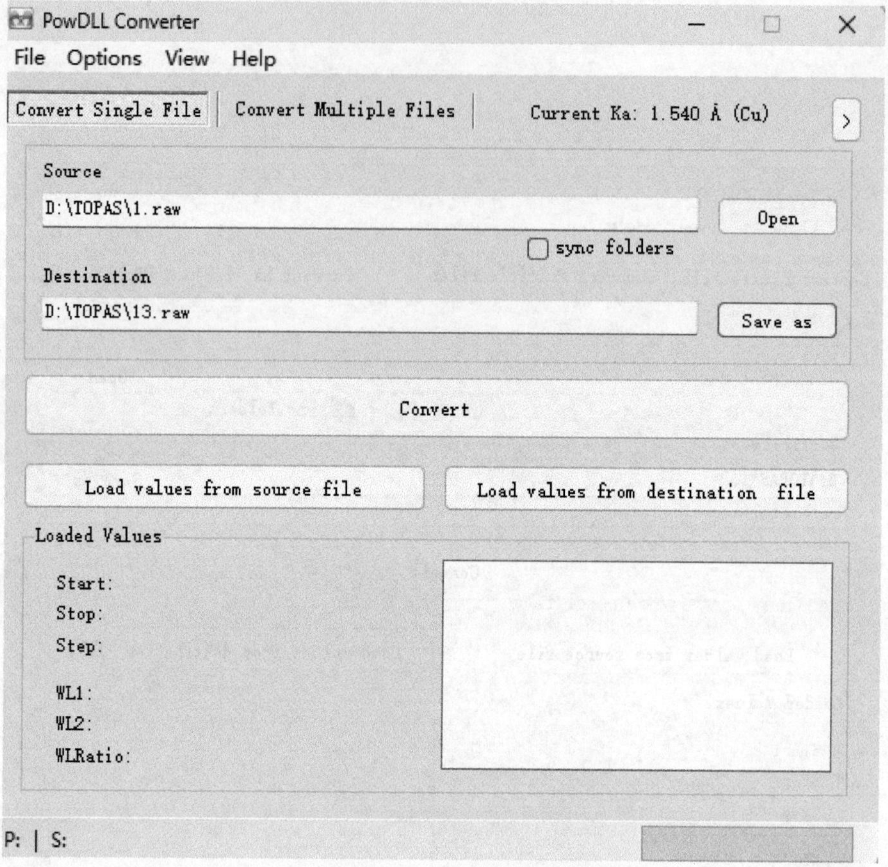

图 4.3　转化数据窗口

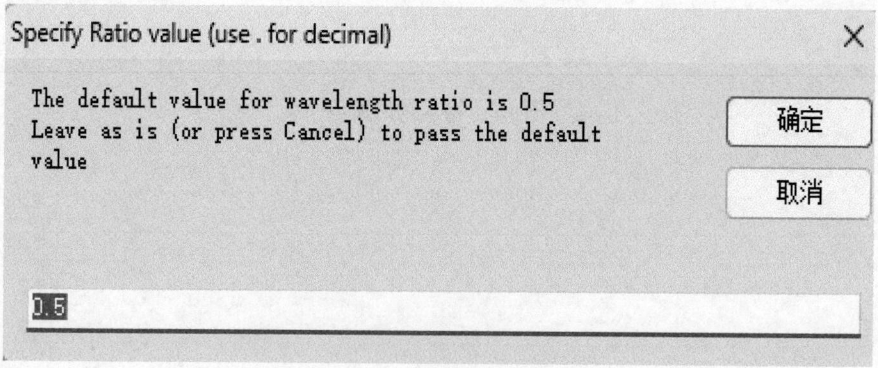

图 4.4　设置波长窗口

图 4.5 数据转换成功窗口

当转换后的数据被输入相关软件后（图 4.6），用户将看到一个功能丰富且布局合理的界面。这个界面被精心划分为几个区域，每个区域都有其特定的功能和用途。最左边的窗口，即主参数窗口（图 4.7），是用户设置精修参数的关键区域。在这里，用户可以调整各种参数，如晶胞参数、峰位修正、背景扣除等，以确保精修过程能够准确地反映晶体的真实结构。这个区域的设计直观且易于操作，使用户能够轻松地进行参数设置。右边的区域是精修数据结果区域（图 4.8），它展示了精修后的数据结果。用户可以在这里观察到经过精修处理后的衍射峰位置、强度等信息，以及它们与原始数据的对比。这个区域提供了丰富的数据可视化功能，使用户能够直观地了解精修的效果。中间的区域则用于展示原始数据和多相比例（图 4.9）。用户可以清晰地看到原始衍射数据的图形表示，以及不同相在样品中的比例。这对于分析样品的组成和相变过程具有重要意义。最下面的区域是精修图形结果区域（图 4.10），它直观地展示了精修过程中图像的变化。随着精修参数的调整，用户可以实时观察到衍射图形的变化，从而判断精修的效果，各个区域的设计使用户能够更加方便地监控精修过程，确保获得准确可靠的结果。

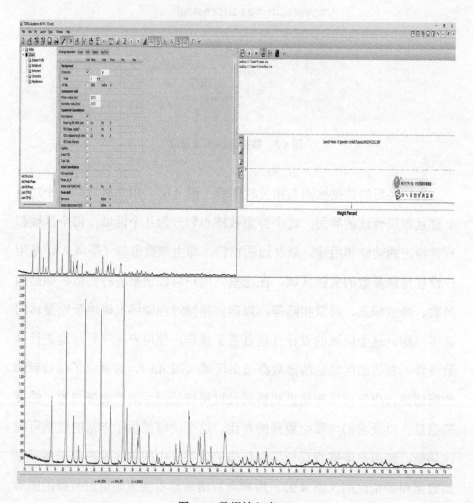

图 4.6　数据输入窗口

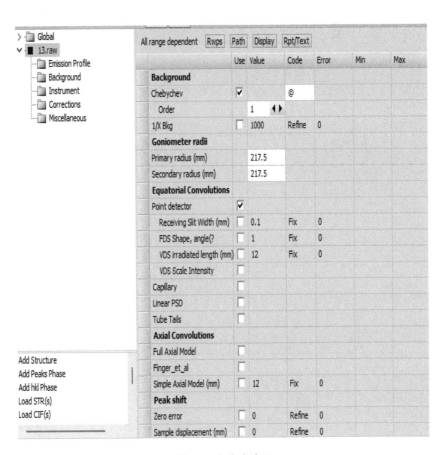

图 4.7　主参考窗口

oading C:\Topas-6\topas.inc
oading C:\Topas-6\interface.inc

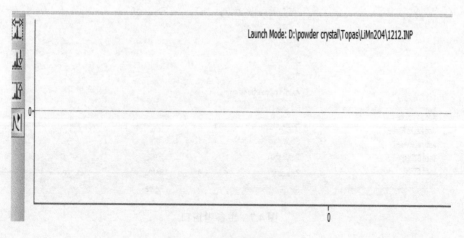

图 4.8　精修数据结果窗口

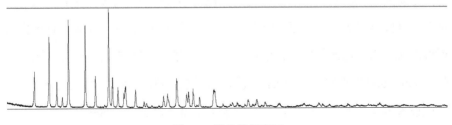

图 4.9　原始数据窗口

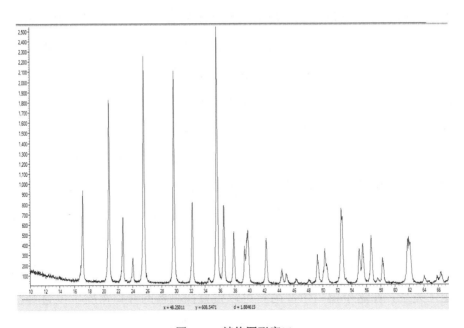

x = 48.25011　　y = 608.5471　　d = 1.884615

图 4.10　精修图形窗口

在图 4.11 中，点击 Emission Profile 选项后，界面右侧会显示出 X 射线波长的相关数据。这些数据反映了 X 射线源的特性，对于粉末衍射分析至关重要。如需更改射线波长，可右键点击 Emission Profile 选项，随后弹出的快捷菜单（图 4.12）提供了多种波长选项。在此例中，选择了 cuka2.lam 作为射线波长，由于输入数据默认已是此波长，因此数据并未发生变化。图 4.13 是 Background 图形窗口，Order 设置为 4，这个数据不能太大，也不能太小，一般设置为 4 或者 5 就可以，同时勾选 1/X Bkg 和 Chebychev 复选框。

接着点击 Instrument 选项，弹出如图 4.14 所示的窗口，用于设置实验仪器的各项参数。在这个界面中，最顶部通常显示的是测角仪半径，如图 4.15 所示，测角仪半径是 X 射线衍射实验中的一个重要参数，它决定了衍射角 θ 的精确测量。用户可以根据实验需要，输入或调整测角仪半径的值。在测角仪半径下方，用户可以设置零维探测器（如闪烁计数器，如图 4.16 所示）。零维探测器主要用于收集衍射强度数据，设置包括探测器的位置、大小等参数。用户可以根据实验需求，调整这些参数以获得更准确的实验结果。接下来是接受狭缝和水平发散度的设置。接受狭缝用于限制进入探测器的 X 射线束的宽度，以减少背景噪声和杂散信号。水平发散度则反映了 X 射线束在水平方向上的发散程度。用户可以根据实验条件，调整这些参数以优化实验效果。图 4.17 展示了林克斯一维探测器的设置窗口。一维探测器通常用于测量衍射强度随衍射角的变化关系。在这个窗口中，用户可以设置探测器的开口角度、位置等参数，以适应不同的实验需求。最后是初级和次级索拉狭缝窗口（图 4.18）。索拉狭缝是用于进一步限制 X 射线束的装置，以提高实验的分辨率和灵敏度。初级索拉狭缝位于 X 射线源和样品之间，而次级索拉狭缝则位于样品和探测器之间。用户可以根据实验需求，调整这些狭缝的大小和位置，以获得更精确的实验结果。

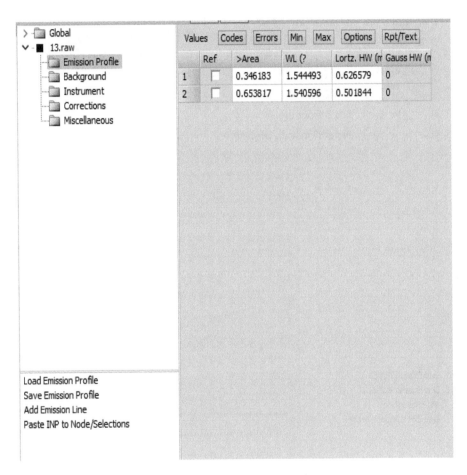

图 4.11　Emission Profile 图形窗口

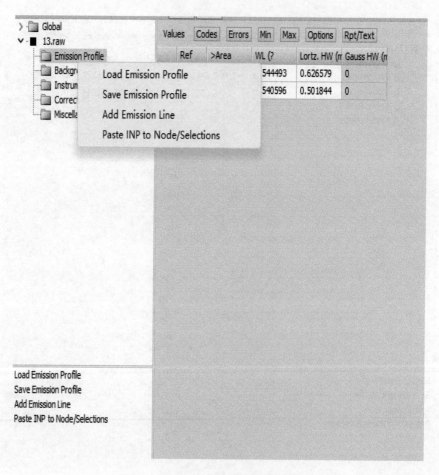

图 4.12　Emission Profile 展开图形窗口

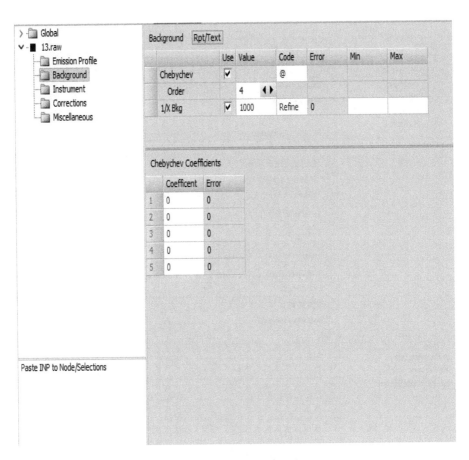

图 4.13　Background 图形窗口

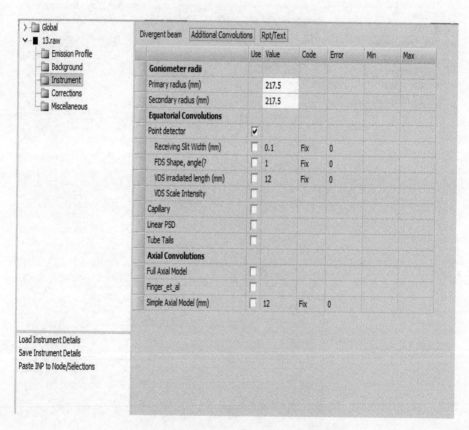

图 4.14　Background 图形窗口用于设置参数

Goniometer radii				
Primary radius (mm)	217.5			
Secondary radius (mm)	217.5			

图 4.15　测角仪半径窗口

Point detector	☑			
Receiving Slit Width (mm)	☐	0.1	Fix	0
FDS Shape, angle(?	☐	1	Fix	0

图 4.16　设置零维探测器窗口

Linear PSD	☐				

图 4.17　林克斯一维探测器窗口

Axial Convolutions					
Full Axial Model	☑				
Source length (mm)		12	Fix	0	
Sample length (mm)		15	Fix	0	
RS length (mm)		12	Fix	0	
Prim. Soller (?	☑	2.3	Fix	0	
Sec. Soller (?	☑	2.3	Fix	0	
N Beta		30			

图 4.18　初级和次级索拉狭缝窗口

在处理磷酸铁锂（$LiFePO_4$）的晶体信息文件（CIF）并尝试将其导入专业软件中进行结构精修的过程中，如图 4.19 所示，开始了将磷酸铁锂的 CIF 数据导入系统中的尝试。这个过程看似简单，但实际上需要精确无误地操作，以确保数据的完整性和准确性。一旦 CIF 数据成功导入，系统界面便如图 4.20 所示，清晰地展示了磷酸铁锂的晶体结构模型。然而，当尝试对 Scale 进行精修时（图 4.21），系统却意外地提示没有原子信息（图 4.22）。因为确信 CIF 文件中应该包含了所有必要的原子信息。为了解决这个问题，深入检查了原子控制窗口（图 4.23），并发现 CIF 文件中确实缺少原子信息。面对这一挑战，决定手动补充原子信息。在补充过程中，特别关注了元素的价态问题（图 4.24），因为这对精修结果至关重要。发现除了磷元素没有明确的价态标注外，其他元素都有相应的价态信息。这是因为软件系统中缺乏五价磷的原子信息。补充完原子信息后，再次尝试进行精修（图 4.25）。这次，精修过程顺利进行，首先对零点进行了精修（图 4.26），精修结果如图 4.27 所示，显示零点已经被成功优化。接着，对晶胞参数进行了精修（图 4.28），精修结果如图 4.29 所示，清晰地展示了晶胞参数的优化效果。然而，在尝试对原子位置进行精修时（图 4.30），再次遇到了问题。精修结果如图 4.31 所示，出现了错误提示，表明精修方式不合适。经过仔细分析，发现是因为精修的参数过多。

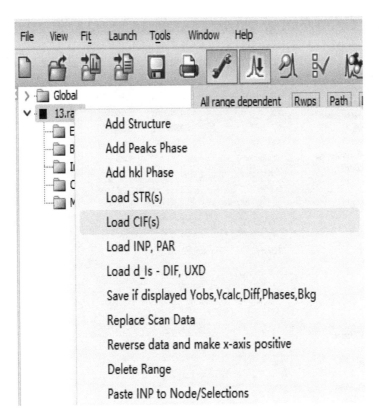

图 4.19 调入 CIF 文件窗口

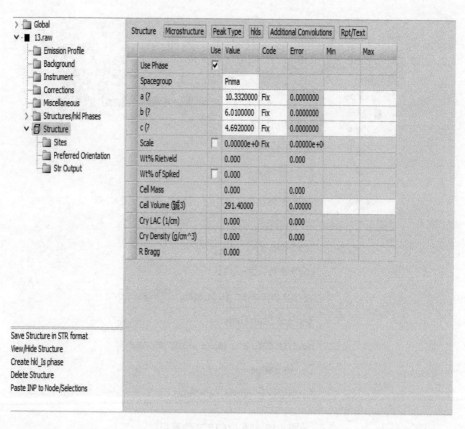

图 4.20　调入 CIF 文件后窗口

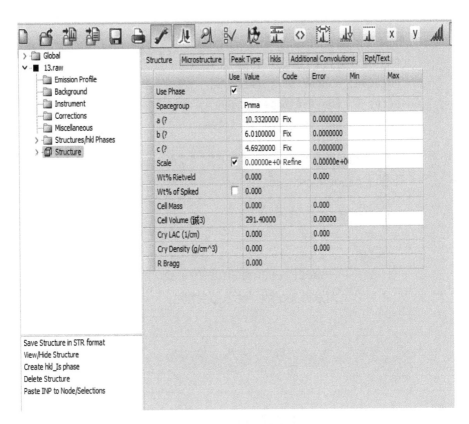

图 4.21 Scale 精修窗口

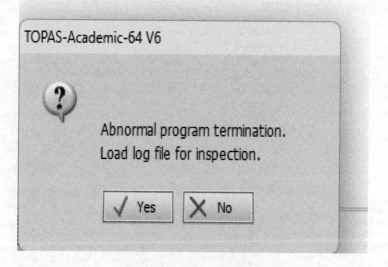

图 4.22　出现问题窗口

	Site	Np	x	y	z	Atom	Occ.	Beq.
1	Li	0	0.00000	0.00000	0.00000		1	1
2	Fe	0	0.28222	0.25000	0.97472		1	1
3	P	0	0.09486	0.25000	0.41820		1	1
4	O(1)	0	0.09678	0.25000	0.74280		1	1
5	O(2)	0	0.45710	0.25000	0.20600		1	1
6	O(3)	0	0.16558	0.04646	0.28480		1	1

Values　Codes　Errors　Min　Max

	Site	Np	x	y	z	Atom	Occ.	Beq.
1	Li	0	Fix	Fix	Fix		Fix	Fix
2	Fe	0	Fix	Fix	Fix		Fix	Fix
3	P	0	Fix	Fix	Fix		Fix	Fix
4	O(1)	0	Fix	Fix	Fix		Fix	Fix
5	O(2)	0	Fix	Fix	Fix		Fix	Fix
6	O(3)	0	Fix	Fix	Fix		Fix	Fix

图 4.23　控制原子窗口

	Site	Np	x	y	z	Atom	Occ.	Beq.
1	Li	0	0.00000	0.00000	0.00000	Li+1	1	1
2	Fe	0	0.28222	0.25000	0.97472	Fe+2	1	1
3	P	0	0.09486	0.25000	0.41820	P	1	1
4	O(1)	0	0.09678	0.25000	0.74280	O-2	1	1
5	O(2)	0	0.45710	0.25000	0.20600	O-2	1	1
6	O(3)	0	0.16558	0.04646	0.28480	O-2	1	1

Values　Codes　Errors　Min　Max

	Site	Np	x	y	z	Atom	Occ.	Beq.
1	Li	0	Fix	Fix	Fix		Fix	Fix
2	Fe	0	Fix	Fix	Fix		Fix	Fix
3	P	0	Fix	Fix	Fix		Fix	Fix
4	O(1)	0	Fix	Fix	Fix		Fix	Fix
5	O(2)	0	Fix	Fix	Fix		Fix	Fix
6	O(3)	0	Fix	Fix	Fix		Fix	Fix

图 4.24　补充原子信息后窗口

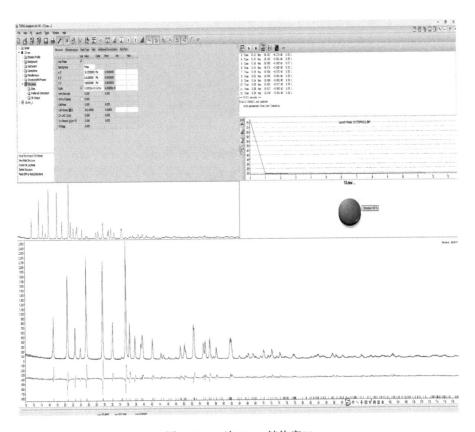

图 4.25　二次 Scale 精修窗口

Corrections	Cylindrical sample (Sabine)	Rpt/Text					
		Use	Value	Code	Error	Min	Max
Peak shift							
Zero error		☑	0	Refine	0		
Sample displacement (mm)		☐	0	Refine	0		
Intensity Corrections							
LP factor		☑	26.6	Fix	0		
Surface Rghnss Pitschke et		☐					
Surface Rghnss Suortti		☐					
Sample Convolutions							
Absorption (1/cm)		☐	100	Refine	0		
Sample Tilt (mm)		☐	0	Refine	0		

图 4.26　控制零点精修窗口

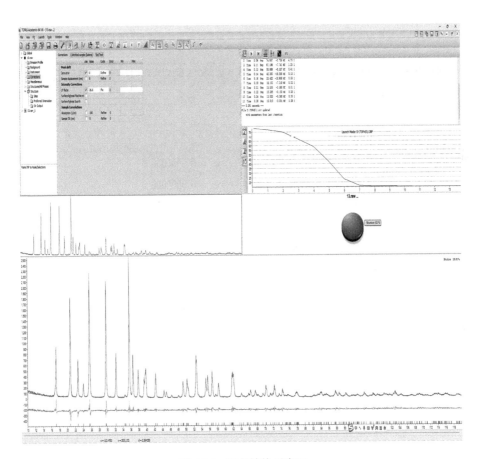

图 4.27　零点精修后窗口

		Use	Value	Code	Error	Min	Max
Structure	Microstructure	Peak Type	hkls	Additional Convolutions	Rpt/Text		
Use Phase		☑					
Spacegroup			Pnma				
a (?			10.3320000	Refine	0.0000000		
b (?			6.0100000	Refine	0.0000000		
c (?			4.6920000	Refine	0.0000000		
Scale		☑	0.00000e+0	Refine	0.00000e+0		
Wt% Rietveld			0.000		0.000		
Wt% of Spiked		☐	0.000				
Cell Mass			0.000		0.000		
Cell Volume (铖3)			291.40000		0.00000		
Cry LAC (1/cm)			0.000		0.000		
Cry Density (g/cm^3)			0.000		0.000		
R Bragg			0.000				

图 4.28　控制晶胞参数精修窗口

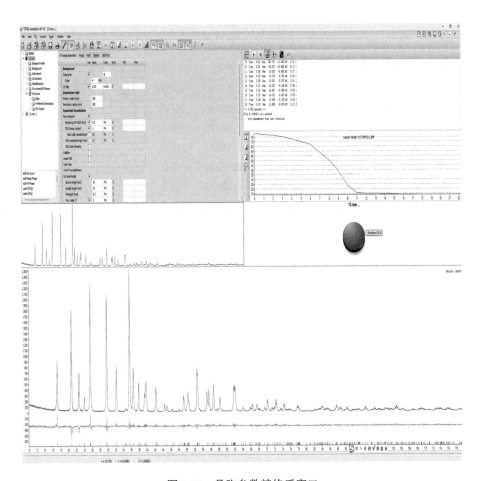

图 4.29　晶胞参数精修后窗口

Values	Codes	Errors	Min	Max	Rpt/Text				
	Site	Np	x	y	z	Atom	Occ.	Beq.	
1	Li	0	0.00000	0.00000	0.00000	Li+1	1	1	
2	Fe	0	0.28222	0.25000	0.97472	Fe+2	1	1	
3	P	0	0.09486	0.25000	0.41820	P	1	1	
4	O(1)	0	0.09678	0.25000	0.74280	O-2	1	1	
5	O(2)	0	0.45710	0.25000	0.20600	O-2	1	1	
6	O(3)	0	0.16558	0.04646	0.28480	O-2	1	1	

Values	Codes	Errors	Min	Max					
	Site	Np	x	y	z	Atom	Occ.	Beq.	
1	Li	0	Fix	Fix	Fix	Li+1	Fix	Fix	
2	Fe	0	Refine	Fix	Refine	Fe+2	Fix	Fix	
3	P	0	Refine	Fix	Refine	P	Fix	Fix	
4	O(1)	0	Refine	Fix	Refine	O-2	Fix	Fix	
5	O(2)	0	Refine	Fix	Refine	O-2	Fix	Fix	
6	O(3)	0	Refine	Refine	Refine	O-2	Fix	Fix	

图 4.30　控制原子位置精修窗口

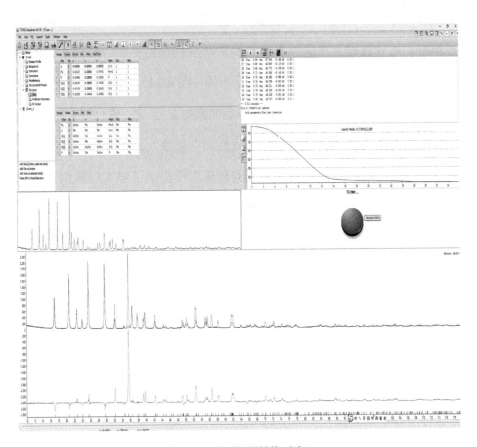

图 4.31　原子位置精修后窗口

　　为了有效解决这个问题，对原子位置精修的参数进行了精简，特别聚焦于铁位和磷位的精修。通过针对性的调整（图 4.32），完成了对这两个关键原子位置的精修工作，精修后的结果在图 4.33 中得到了清晰展示。紧接着，进一步扩大了精修范围，对全部的原子位置进行了全面的优化和调整。这一过程旨在确保晶体结构的准确性和完整性。经过精细的调整和计算，得到了全新的原子位置分布图（图 4.34），而精修后的结果则在图 4.35 中得到了详尽的呈现。精修后的数据显示，R_{wp} 值已降至 13.627，这一结果充分表明了精修方法的准确性和有效性。这不仅意味着我们的精修策略是正确的，同时也为后续的科研工作提供了坚实的数据支持。为了确保这些宝贵的数据能够得到充分的利用，及时地将精修好的结构结果进行了保存（图 4.36）。这些保存下来的结构数据将成为未来科研工作的重要参考和依据，为深入探索材料的性能和结构提供了有力的支撑。此外，为了更加全面地记录和分析精修过程，还将精修好的全谱数据进行了保存（图 4.37）。这些全谱数据不仅包含了原子位置的详细信息，还记录了整个精修过程中的各种参数和变化。通过精简参数、精准定位和全面优化，完成了对原子位置的精修工作，为深入探索材料的性能和结构奠定了坚实的基础。

Values	Codes	Errors	Min	Max	Rpt/Text

	Site	Np	x	y	z	Atom	Occ.	Beq.
1	Li	4	0.00000	0.00000	0.00000	Li+1	1	1
2	Fe	4	0.28222	0.25000	0.97472	Fe+2	1	1
3	P	4	0.09486	0.25000	0.41820	P	1	1
4	O(1)	4	0.09678	0.25000	0.74280	O-2	1	1
5	O(2)	4	0.45710	0.25000	0.20600	O-2	1	1
6	O(3)	8	0.16558	0.04646	0.28480	O-2	1	1

Values	Codes	Errors	Min	Max

	Site	Np	x	y	z	Atom	Occ.	Beq.
1	Li	4	Fix	Fix	Fix	Li+1	Fix	Fix
2	Fe	4	Refine	Fix	Refine	Fe+2	Fix	Fix
3	P	4	Refine	Fix	Refine	P	Fix	Fix
4	O(1)	4	Fix	Fix	Fix	O-2	Fix	Fix
5	O(2)	4	Fix	Fix	Fix	O-2	Fix	Fix
6	O(3)	8	Fix	Fix	Fix	O-2	Fix	Fix

图 4.32　铁位和磷位同时精修窗口

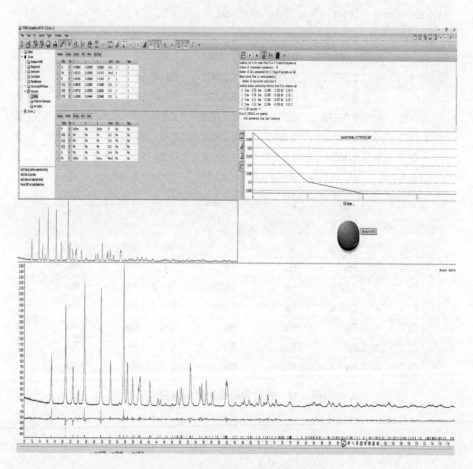

图 4.33　铁位和磷位同时精修后窗口

Values	Codes	Errors	Min	Max	Rpt/Text			
	Site	Np	x	y	z	Atom	Occ.	Beq.
1	Li	4	0.00000	0.00000	0.00000	Li+1	1	1
2	Fe	4	0.28221	0.25000	0.97437	Fe+2	1	1
3	P	4	0.09557	0.25000	0.41704	P	1	1
4	O(1)	4	0.09678	0.25000	0.74280	O-2	1	1
5	O(2)	4	0.45710	0.25000	0.20600	O-2	1	1
6	O(3)	8	0.16558	0.04646	0.28480	O-2	1	1

Values	Codes	Errors	Min	Max				
	Site	Np	x	y	z	Atom	Occ.	Beq.
1	Li	4	Fix	Fix	Fix	Li+1	Fix	Fix
2	Fe	4	@	Fix	@	Fe+2	Fix	Fix
3	P	4	@	Fix	@	P	Fix	Fix
4	O(1)	4	Refine	Fix	Refine	O-2	Fix	Fix
5	O(2)	4	Refine	Fix	Refine	O-2	Fix	Fix
6	O(3)	8	Refine	Refine	Refine	O-2	Fix	Fix

图 4.34 控制原子位置精修窗口

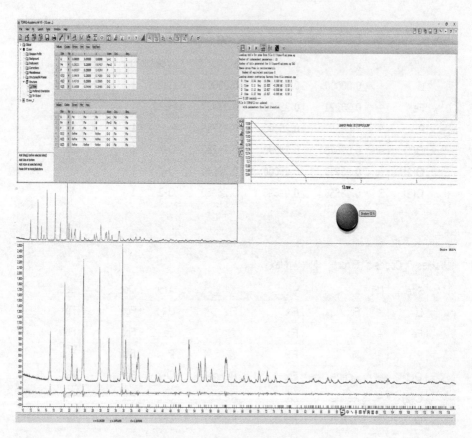

图 4.35　原子位置精修后窗口

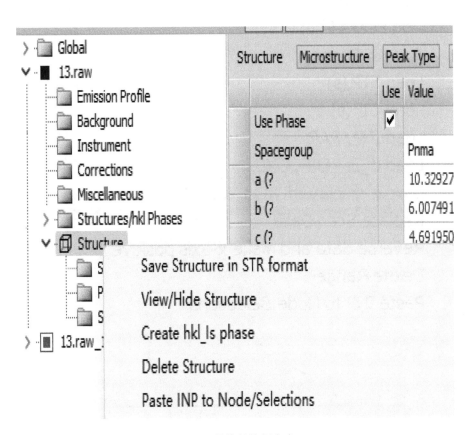

图 4.36　精修结构保存窗口

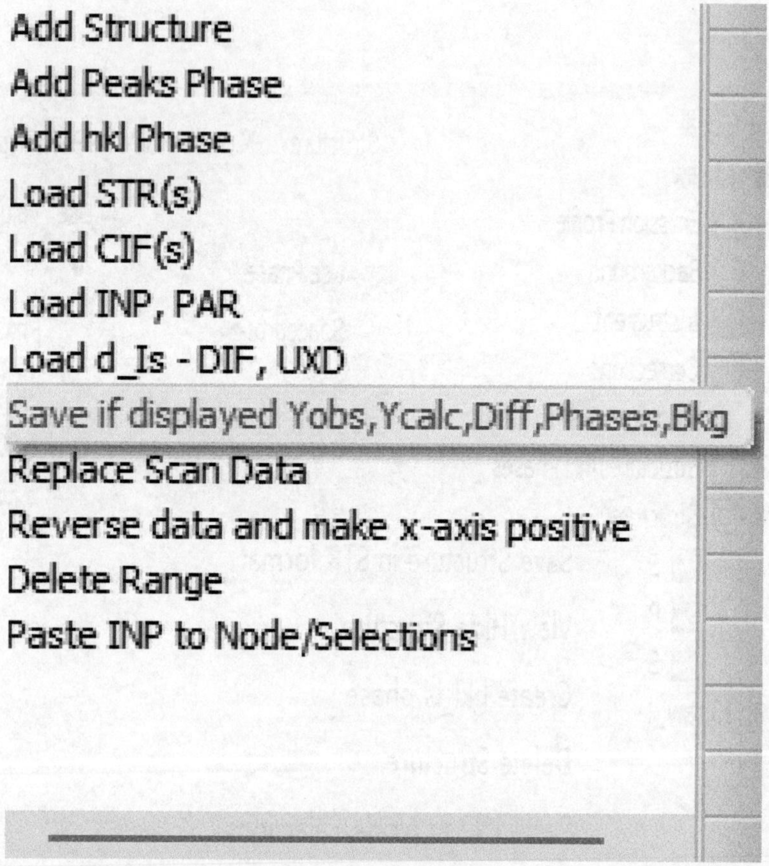

Add Structure
Add Peaks Phase
Add hkl Phase
Load STR(s)
Load CIF(s)
Load INP, PAR
Load d_Is - DIF, UXD
Save if displayed Yobs,Ycalc,Diff,Phases,Bkg
Replace Scan Data
Reverse data and make x-axis positive
Delete Range
Paste INP to Node/Selections

图 4.37　全谱数据保存窗口

4.3　菱铁矿多相的精修

在进行菱铁矿的晶体结构分析时，按照既定步骤将相关数据输入至如图 4.38 所示的窗口。接着，参考了图 4.39 的背景参数控制窗口，对背景参数进行了细致调整。随后，转向如图 4.40 所示的仪器参数控制窗口，确保所有仪器参数均设置得当。为了进一步提高分析的准确性，根据图 4.41 的修正控制窗口指导，对各项参数进行了精细的修正。由于菱铁矿的主要成分是碳酸铁，特意将碳酸铁的 CIF 文件导入了图 4.42 的相应界面中。随后，打开了图 4.43 的 Scale 精修窗口，对晶胞参数进行了详细的精修工作（图 4.44）。然而，如图 4.45 所示，初次精修的效果并不理想，残差值几乎没有发生显著变化。经过分析，认为这可能与零点的精修不足有关。转向零点精修工作，按照图 4.46 的指引在图 4.47 的零点精修窗口中进行了调整。这次精修的效果显著，如图 4.47 所示，精修后的结果有了大幅提高，残差值明显降低。

如图 4.47 所示，不难发现，菱铁矿的成分远非仅有碳酸铁这般简单，其中还混杂着其他物质。经过深入探究，利用 Jade 软件分析，确认其中还包含有 SiO_2。为了更直观地展示这一发现，将 SiO_2 的 CIF 文件导入菱铁矿的模型中，如图 4.48 所示。然而，在精修 Scale 的过程中，遇到了挑战。如图 4.49 所示，精修结果并不理想，所有的二氧化硅衍射峰与实验数据都未能完全吻合。这提示我们，导入的 SiO_2 CIF 文件中的初始数据可能存在问题。面对这一问题，决定对晶胞参数进行深入的精修。在这一过程中，如图 4.50 所示，发现二氧化硅晶胞参数的 c 值初始设定

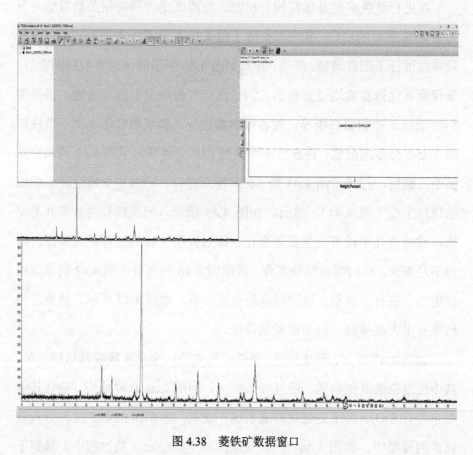

图 4.38　菱铁矿数据窗口

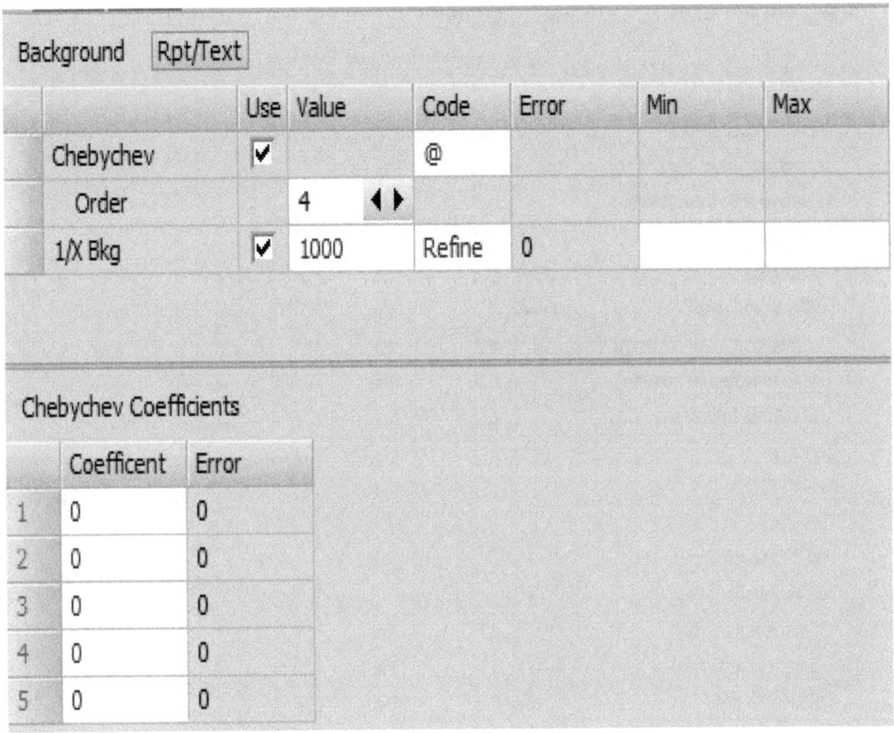

	Use	Value	Code	Error	Min	Max
Background	Rpt/Text					
Chebychev	✔		@			
Order		4　◀▶				
1/X Bkg	✔	1000	Refine	0		

Chebychev Coefficients

	Coefficent	Error
1	0	0
2	0	0
3	0	0
4	0	0
5	0	0

图 4.39　背景参数控制窗口

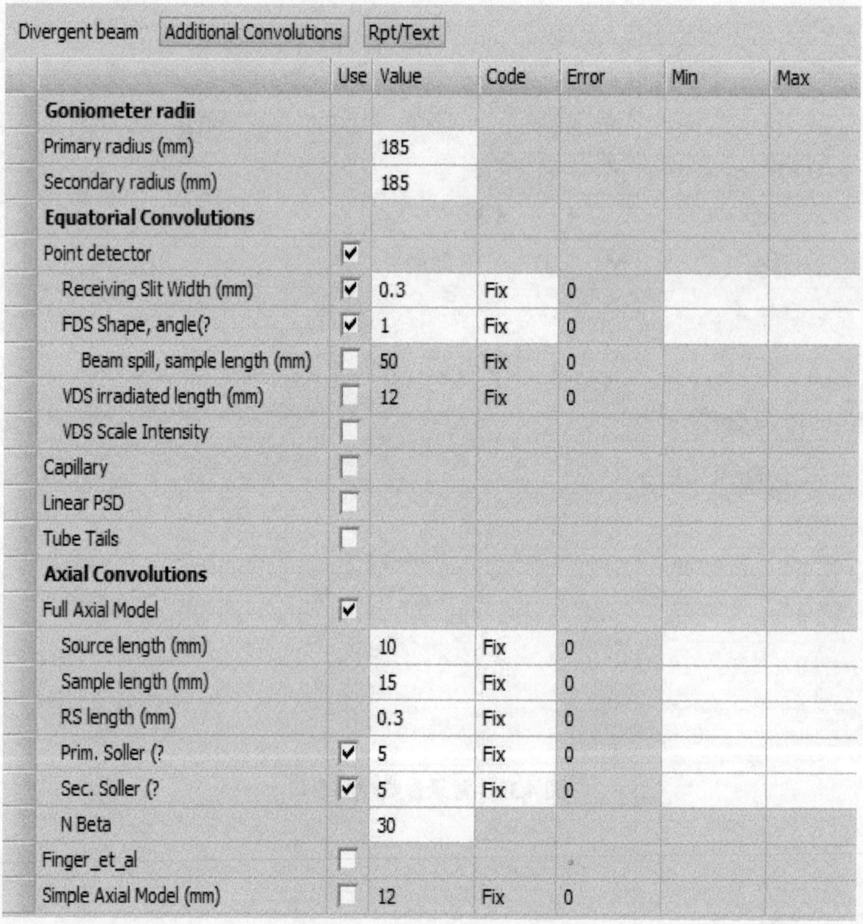

	Use	Value	Code	Error	Min	Max
Goniometer radii						
Primary radius (mm)		185				
Secondary radius (mm)		185				
Equatorial Convolutions						
Point detector	☑					
Receiving Slit Width (mm)	☑	0.3	Fix	0		
FDS Shape, angle(?	☑	1	Fix	0		
Beam spill, sample length (mm)	☐	50	Fix	0		
VDS irradiated length (mm)	☐	12	Fix	0		
VDS Scale Intensity	☐					
Capillary	☐					
Linear PSD	☐					
Tube Tails	☐					
Axial Convolutions						
Full Axial Model	☑					
Source length (mm)		10	Fix	0		
Sample length (mm)		15	Fix	0		
RS length (mm)		0.3	Fix	0		
Prim. Soller (?	☑	5	Fix	0		
Sec. Soller (?	☑	5	Fix	0		
N Beta		30				
Finger_et_al	☐					
Simple Axial Model (mm)	☐	12	Fix	0		

Divergent beam　Additional Convolutions　Rpt/Text

图 4.40　仪器参数控制窗口

Corrections	Cylindrical sample (Sabine)	Rpt/Text					
		Use	Value	Code	Error	Min	Max
Peak shift							
Zero error		☐	0	Refine	0		
Sample displacement (mm)		☐	0	Refine	0		
Intensity Corrections							
LP factor		☑	26.6	Fix	0		
Surface Rghnss Pitschke et		☐					
Surface Rghnss Suortti		☐					
Sample Convolutions							
Absorption (1/cm)		☐	100	Refine	0		
Sample Tilt (mm)		☐	0	Refine	0		

图 4.41 修正控制窗口

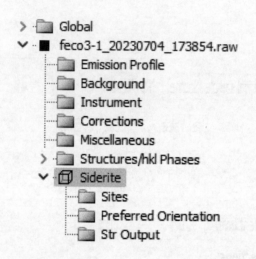

Save Structure in STR format
View/Hide Structure
Create hkl_Is phase
Delete Structure
Paste INP to Node/Selections

图 4.42　调入碳酸铁 CIF 数据窗口

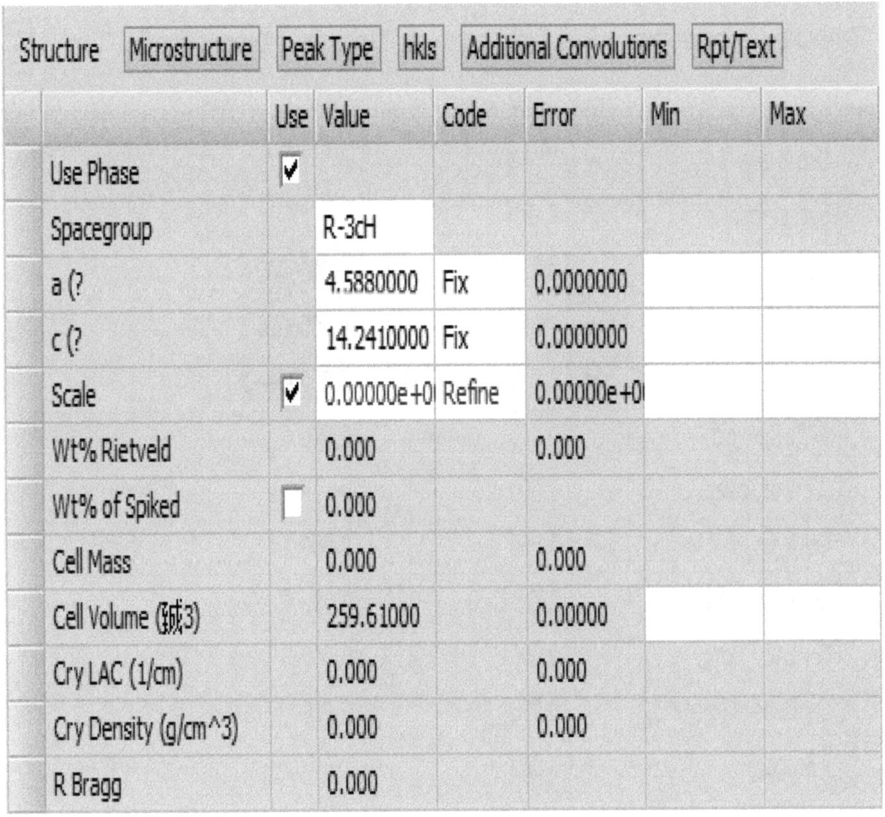

| Structure | Microstructure | Peak Type | hkls | Additional Convolutions | Rpt/Text |

		Use	Value	Code	Error	Min	Max
Use Phase		✔					
Spacegroup			R-3cH				
a (?			4.5880000	Fix	0.0000000		
c (?			14.2410000	Fix	0.0000000		
Scale		✔	0.00000e+0	Refine	0.00000e+0		
Wt% Rietveld			0.000		0.000		
Wt% of Spiked		☐	0.000				
Cell Mass			0.000		0.000		
Cell Volume (铖3)			259.61000		0.00000		
Cry LAC (1/cm)			0.000		0.000		
Cry Density (g/cm^3)			0.000		0.000		
R Bragg			0.000				

图 4.43　Scale 精修窗口

	Use	Value	Code	Error	Min	Max
Structure **Microstructure** **Peak Type** **hkls** **Additional Convolutions** **Rpt/Text**						
Use Phase	✔					
Spacegroup		R-3cH				
a (?		4.5880000	Refine	0.0000000		
c (?		14.2410000	Refine	0.0000000		
Scale	✔	0.00000e+0(	Refine	0.00000e+0(		
Wt% Rietveld		0.000		0.000		
Wt% of Spiked	☐	0.000				
Cell Mass		0.000		0.000		
Cell Volume (铖3)		259.61000		0.00000		
Cry LAC (1/cm)		0.000		0.000		
Cry Density (g/cm^3)		0.000		0.000		
R Bragg		0.000				

图 4.44　晶胞参数精修窗口

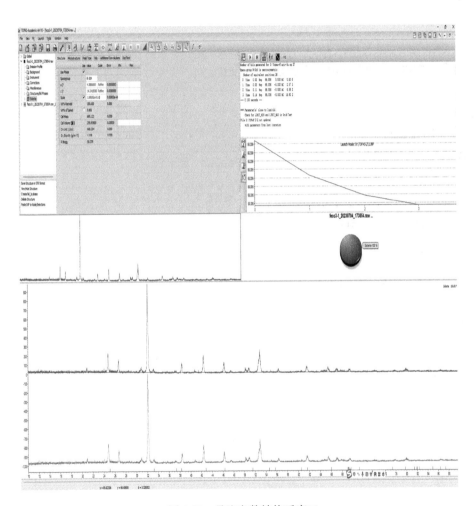

图 4.45　晶胞参数精修后窗口

Corrections	Cylindrical sample (Sabine)	Rpt/Text				
		Use	Value	Code	Error	Min	Max
Peak shift							
Zero error		☑	0	Refine	0		
Sample displacement (mm)		☐	0	Refine	0		
Intensity Corrections							
LP factor		☑	26.6	Fix	0		
Surface Rghnss Pitschke et		☐					
Surface Rghnss Suortti		☐					
Sample Convolutions							
Absorption (1/cm)		☐	100	Refine	0		
Sample Tilt (mm)		☐	0	Refine	0		

图 4.46　零点控制窗口

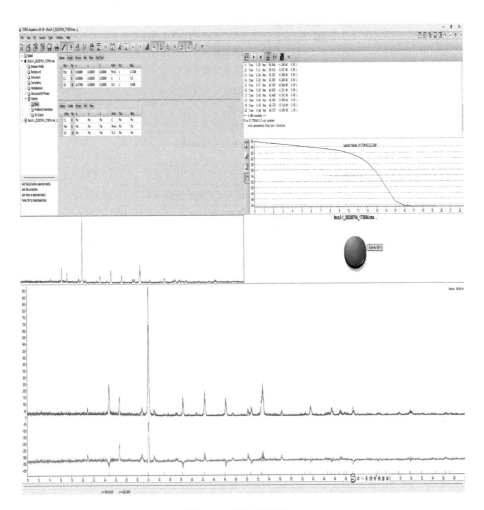

图 4.47 零点精修窗口

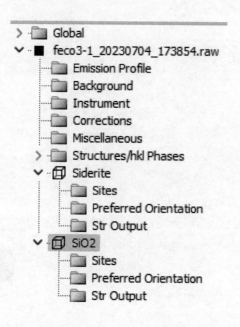

Save Structure in STR format
View/Hide Structure
Create hkl_Is phase
Delete Structure
Paste INP to Node/Selections

图 4.48　调入 SiO_2 的 CIF 数据窗口

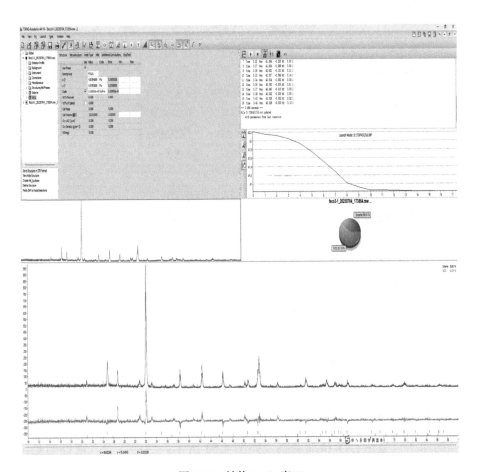

图 4.49　精修 Scale 窗口

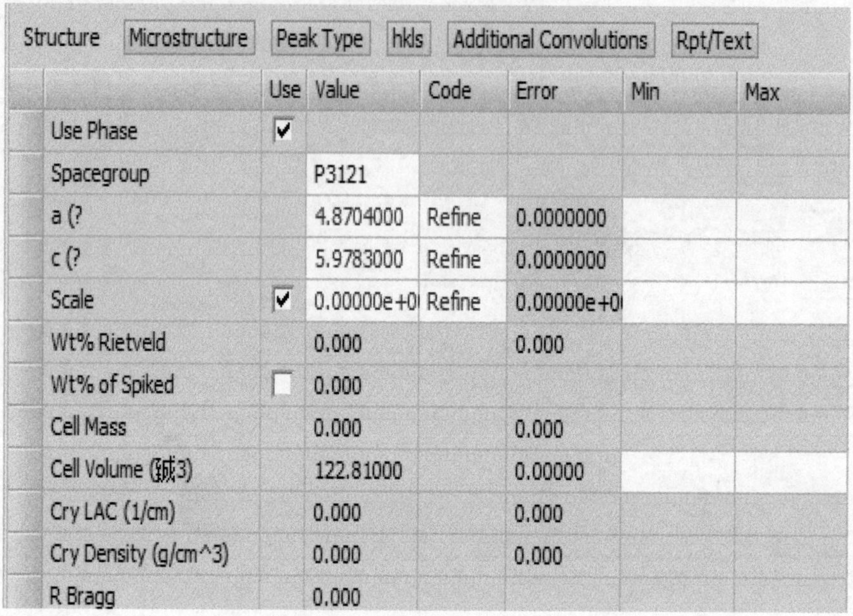

	Use	Value	Code	Error	Min	Max
Use Phase	☑					
Spacegroup		P3121				
a (?		4.8704000	Refine	0.0000000		
c (?		5.9783000	Refine	0.0000000		
Scale	☑	0.00000e+0	Refine	0.00000e+0		
Wt% Rietveld		0.000		0.000		
Wt% of Spiked	☐	0.000				
Cell Mass		0.000		0.000		
Cell Volume (铖3)		122.81000		0.00000		
Cry LAC (1/cm)		0.000		0.000		
Cry Density (g/cm^3)		0.000		0.000		
R Bragg		0.000				

上部タブ: Structure　Microstructure　Peak Type　hkls　Additional Convolutions　Rpt/Text

图 4.50　晶胞参数控制窗口 1

较大。为此，对其进行了合理的调整，并再次进行精修，如图 4.51 所示。这次精修的效果立竿见影，如图 4.52 所示，所有的二氧化硅衍射峰都成功地与实验数据匹配。然而，为了进一步提高精修的质量，还对二氧化硅的原子位置进行了精细调整，如图 4.53 所示。然而，令人遗憾的是，尽管增加了对原子位置的精修，但从结果来看，精修效果并未有显著的提升（图 4.54）。这表明，可能还有其他影响精修质量的因素，这需要进一步探索和研究。

	Structure	Microstructure	Peak Type	hkls	Additional Convolutions	Rpt/Text		

	Use	Value	Code	Error	Min	Max
Use Phase	✔					
Spacegroup		P3121				
a (?		4.8704000	Refine	0.0000000		
c (?		5.4300000	Refine	0.0000000		
Scale	✔	0.00000e+0	Refine	0.00000e+0		
Wt% Rietveld		0.000		0.000		
Wt% of Spiked	☐	0.000				
Cell Mass		0.000		0.000		
Cell Volume (铖3)		122.81000		0.00000		
Cry LAC (1/cm)		0.000		0.000		
Cry Density (g/cm^3)		0.000		0.000		
R Bragg		0.000				

图 4.51 晶胞参数控制窗口 2

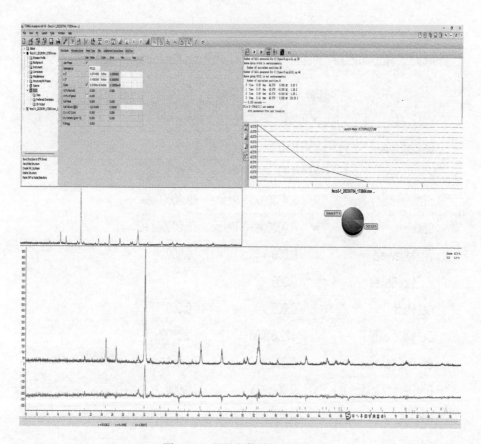

图 4.52　晶胞参数精修后窗口

Values	Codes	Errors	Min	Max	Rpt/Text				
	Site	Np	x	y	z	Atom	Occ.	Beq.
1	Si1	0	0.46530	0.00000	0.33333	Si+4	1	1
2	O1	0	0.41160	0.27500	0.11300	O-2	1	1

Values	Codes	Errors	Min	Max				
	>Site	Np	x	y	z	Atom	Occ.	Beq.
1	O1	0	Refine	Refine	Refine	O-2	Fix	Fix
2	Si1	0	Refine	Fix	=1/3	Si+4	Fix	Fix

图 4.53　原子位置控制窗口

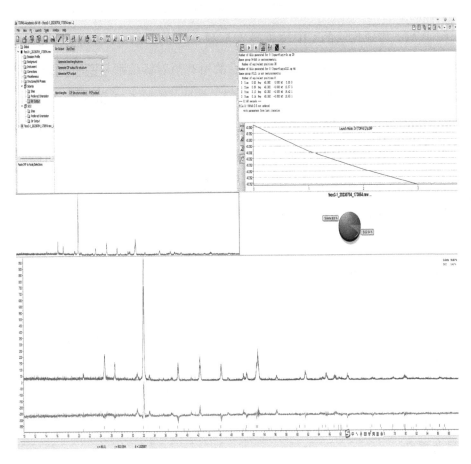

图 4.54　原子位置精修后窗口

在对图 4.54 的深入分析中，除了已知相外，进一步利用 Jade 软件进行了深入检索，成功识别出另外两个物质——氧化镁和硫化铁。为了更精确地研究氧化镁的晶体结构，将其 CIF 文件导入如图 4.55 所示的窗口中，并着手对 Scale 参数进行精细调整。如图 4.56 所示，初次精修的结果并不理想，因此转向了对晶胞参数的优化。经过一系列的调整，如图 4.57 所示，虽然结果有所改进，但仍旧不尽如人意。在仔细检查 CIF 文件并适度修改晶胞参数后，再次进行了精修，如图 4.58 和图 4.59 所示。这次，精修结果显著提升，氧化镁的所有衍射峰都成功与实验数据相吻合。接着，将硫化铁的 CIF 文件导入至图 4.60 的界面中，并进行了 Scale 参数的精修。如图 4.61 所示，硫化铁的所有衍射峰位都与实验数据匹配良好。随后，对硫化铁的晶胞参数进行了精修，如图 4.62 和图 4.63 所示，精修后的结果与实验数据高度一致。然而，在精修过程中，发现碳酸铁的衍射峰高与实验数据存在较大差异。为了解决这一问题，首先对碳酸铁的温度因子进行了精修，如图 4.64 和图 4.65 所示。然而，单纯的温度因子精修并未能完全解决问题。于是，进一步对碳和氧原子的温度因子进行了精修，如图 4.66 和图 4.67 所示。尽管有所改进，但碳酸铁的峰值匹配性仍然不理想。最后，尝试了对碳酸铁的取向因子进行精修，如图 4.68 和图 4.69 所示。这次精修取得了显著效果，碳酸铁的衍射峰与实验数据高度匹配，满足了精修要求。在精修过程中，注意到残差因子较高，这可能与衍射分析的条件有关。为了改善这一状况，缩短了衍射步进角度，重新获取了经过分选菱铁矿的衍射数据，并按照前述步骤进行了精修。如图 4.70 所示，这次精修后的残差因子明显降低，精修结果得到了显著提升。

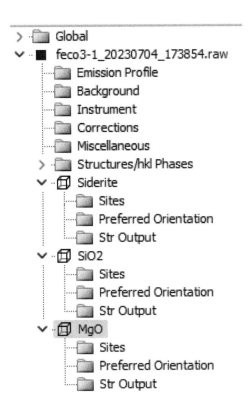

Save Structure in STR format
View/Hide Structure
Create hkl_ls phase
Delete Structure
Paste INP to Node/Selections

图 4.55　调入氧化镁 CIF 数据窗口

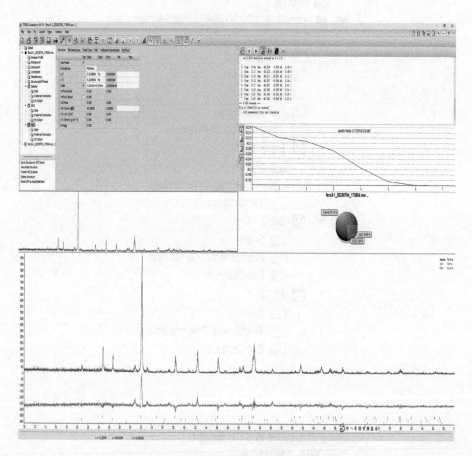

图 4.56　精修 Scale 窗口

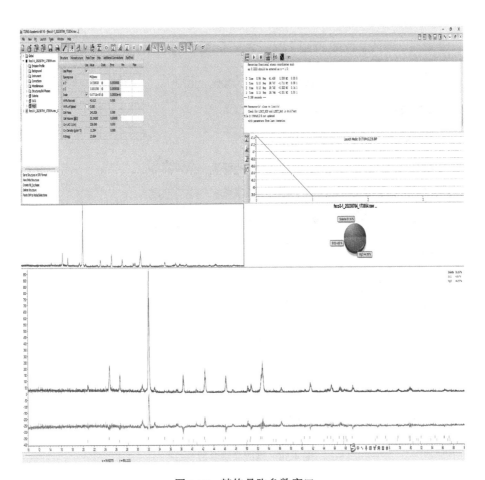

图 4.57 精修晶胞参数窗口

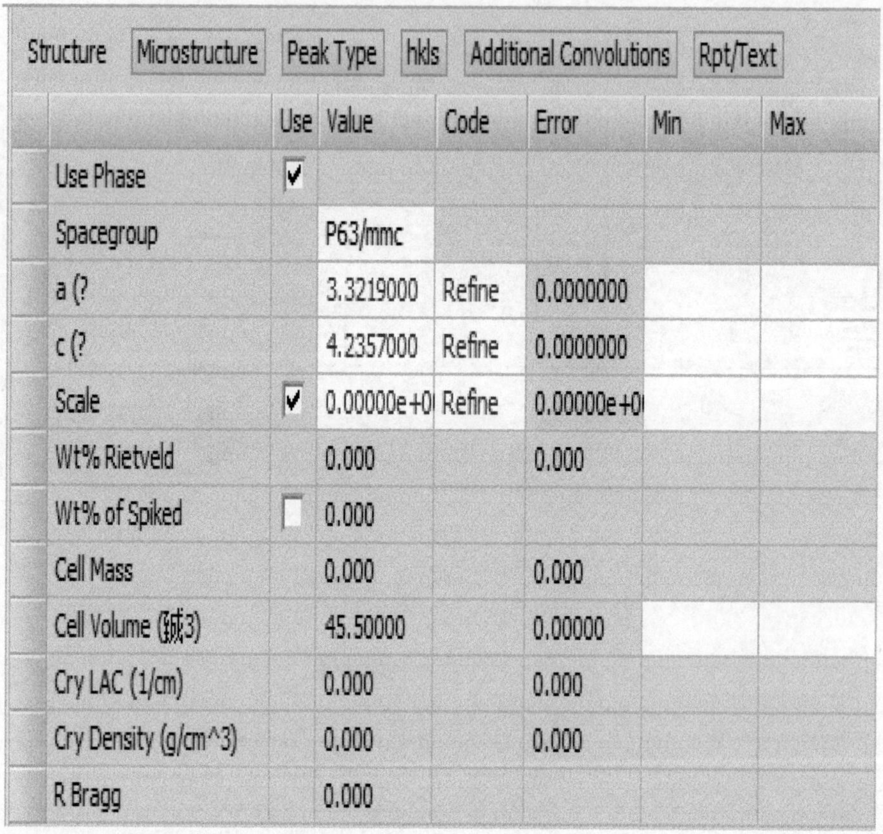

	Use	Value	Code	Error	Min	Max
Use Phase	✔					
Spacegroup		P63/mmc				
a (?		3.3219000	Refine	0.0000000		
c (?		4.2357000	Refine	0.0000000		
Scale	✔	0.00000e+0	Refine	0.00000e+0		
Wt% Rietveld		0.000		0.000		
Wt% of Spiked	☐	0.000				
Cell Mass		0.000		0.000		
Cell Volume (辣3)		45.50000		0.00000		
Cry LAC (1/cm)		0.000		0.000		
Cry Density (g/cm^3)		0.000		0.000		
R Bragg		0.000				

Structure | Microstructure | Peak Type | hkls | Additional Convolutions | Rpt/Text

图 4.58　修改晶胞参数窗口

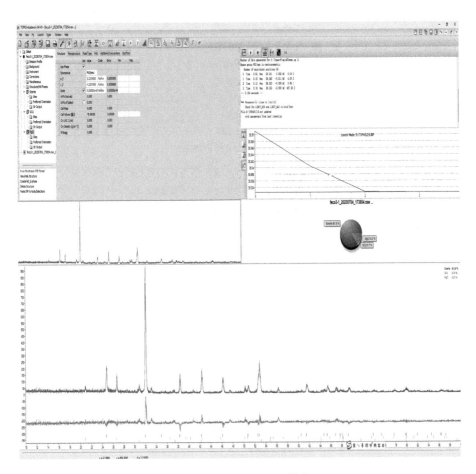

图 4.59　再次精修晶胞参数窗口

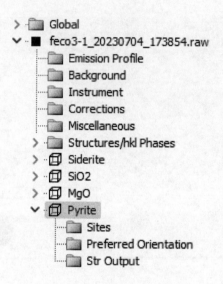

Save Structure in STR format
View/Hide Structure
Create hkl_Is phase
Delete Structure
Paste INP to Node/Selections

图 4.60　硫化铁 CIF 文件导入窗口

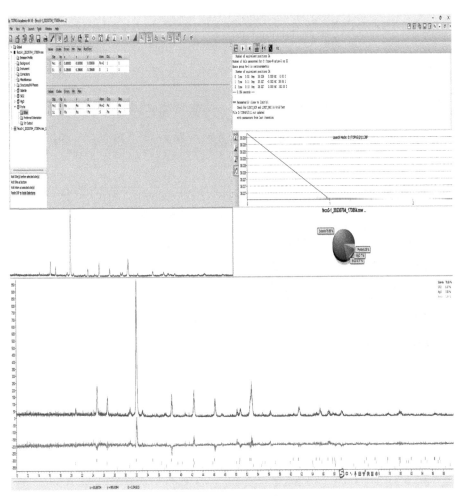

图 4.61　精修 Scale 窗口

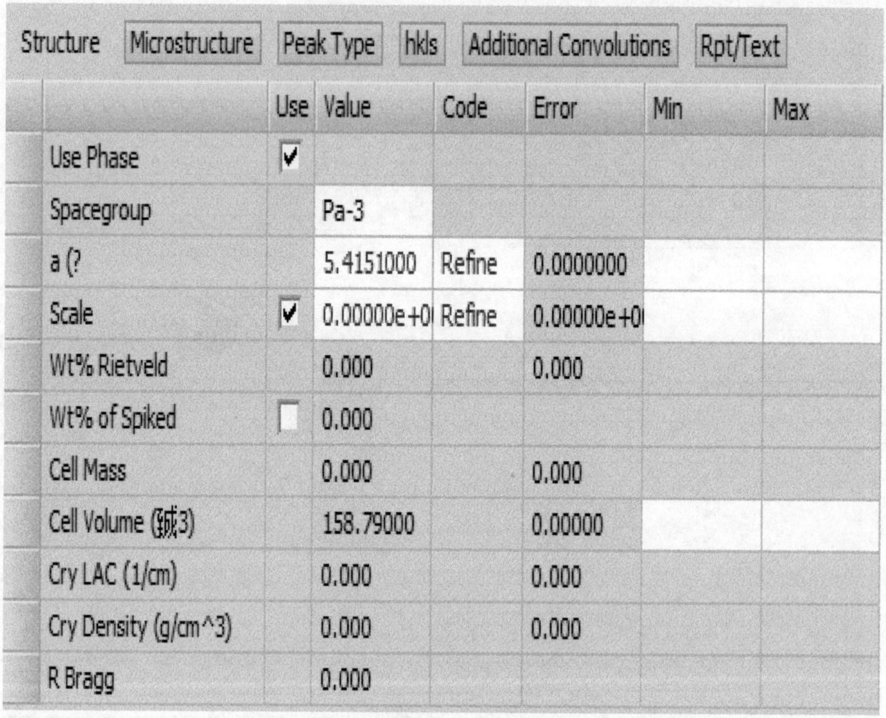

	Use	Value	Code	Error	Min	Max
Use Phase	✔					
Spacegroup		Pa-3				
a (?		5.4151000	Refine	0.0000000		
Scale	✔	0.00000e+0	Refine	0.00000e+0		
Wt% Rietveld		0.000		0.000		
Wt% of Spiked	☐	0.000				
Cell Mass		0.000		0.000		
Cell Volume (鋨3)		158.79000		0.00000		
Cry LAC (1/cm)		0.000		0.000		
Cry Density (g/cm^3)		0.000		0.000		
R Bragg		0.000				

图 4.62　精修晶胞参数窗口

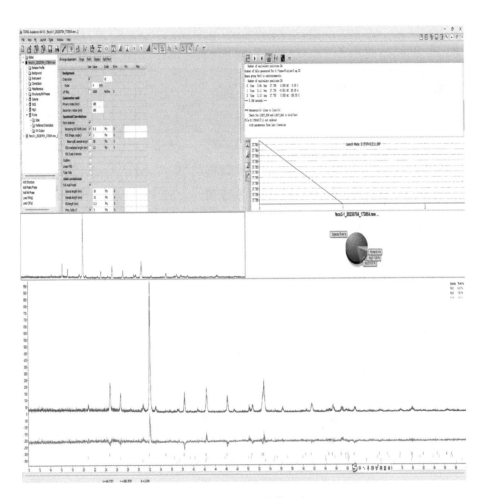

图 4.63　精修晶胞参数后窗口

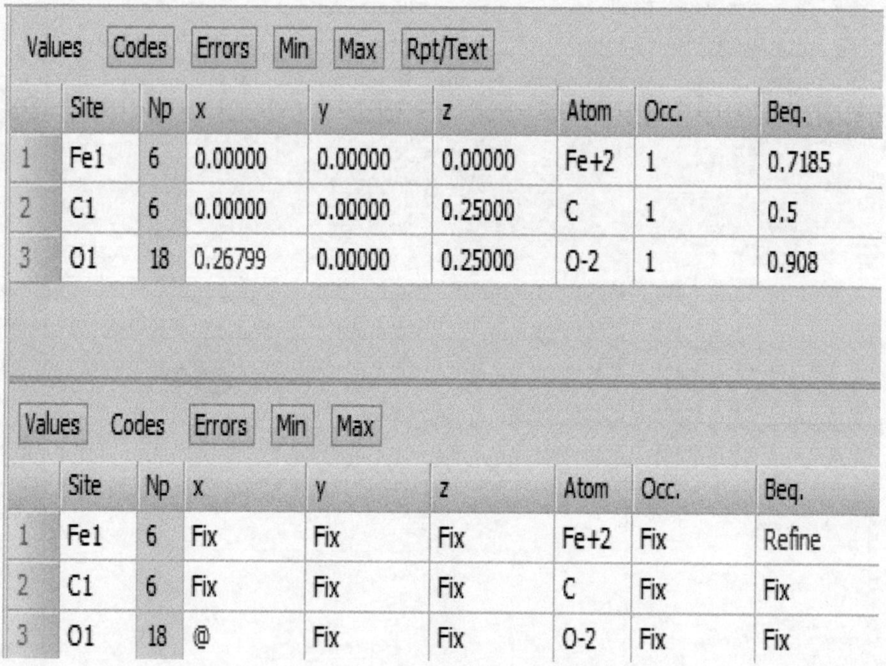

	Site	Np	x	y	z	Atom	Occ.	Beq.
1	Fe1	6	0.00000	0.00000	0.00000	Fe+2	1	0.7185
2	C1	6	0.00000	0.00000	0.25000	C	1	0.5
3	O1	18	0.26799	0.00000	0.25000	O-2	1	0.908

Values　Codes　Errors　Min　Max　Rpt/Text

	Site	Np	x	y	z	Atom	Occ.	Beq.
1	Fe1	6	Fix	Fix	Fix	Fe+2	Fix	Refine
2	C1	6	Fix	Fix	Fix	C	Fix	Fix
3	O1	18	@	Fix	Fix	O-2	Fix	Fix

Values　Codes　Errors　Min　Max

图 4.64　铁的温度因子精修控制窗口

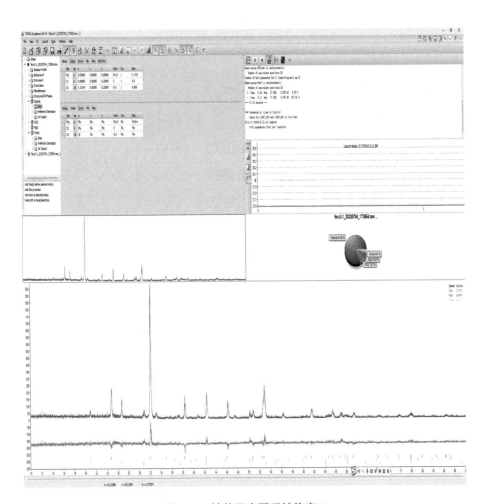

图 4.65　铁的温度因子精修窗口

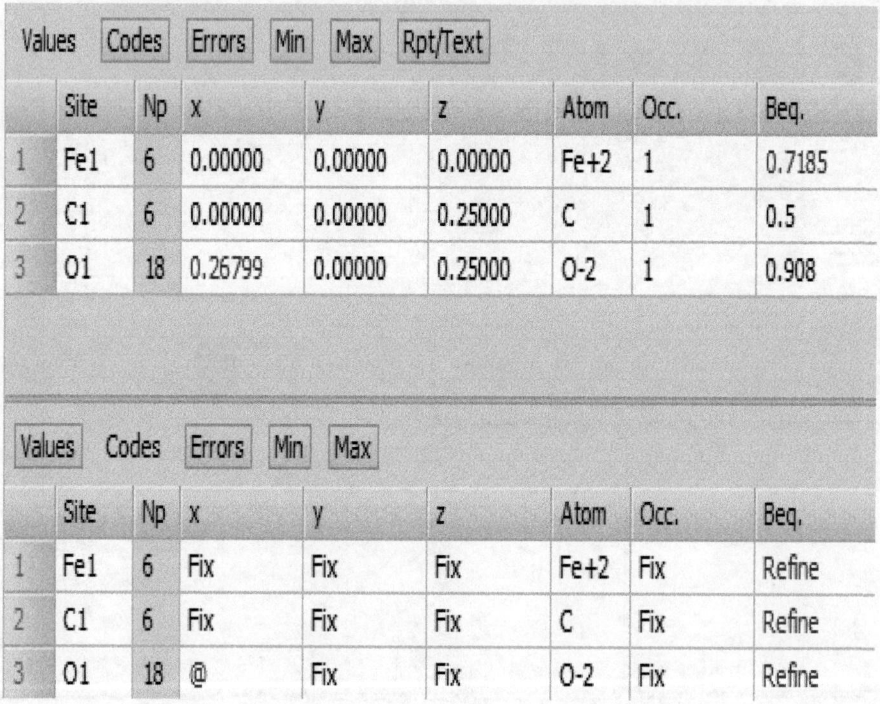

	Values	Codes	Errors	Min	Max	Rpt/Text			
	Site	Np	x	y	z		Atom	Occ.	Beq.
1	Fe1	6	0.00000	0.00000	0.00000		Fe+2	1	0.7185
2	C1	6	0.00000	0.00000	0.25000		C	1	0.5
3	O1	18	0.26799	0.00000	0.25000		O-2	1	0.908

	Values	Codes	Errors	Min	Max				
	Site	Np	x	y	z		Atom	Occ.	Beq.
1	Fe1	6	Fix	Fix	Fix		Fe+2	Fix	Refine
2	C1	6	Fix	Fix	Fix		C	Fix	Refine
3	O1	18	@	Fix	Fix		O-2	Fix	Refine

图 4.66 所有原子的温度因子精修控制窗口

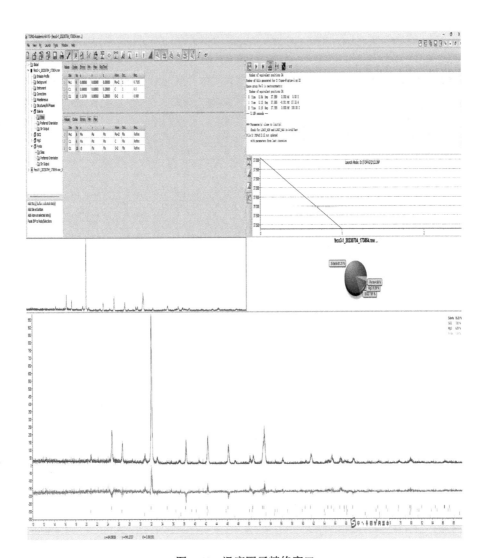

图 4.67 温度因子精修窗口

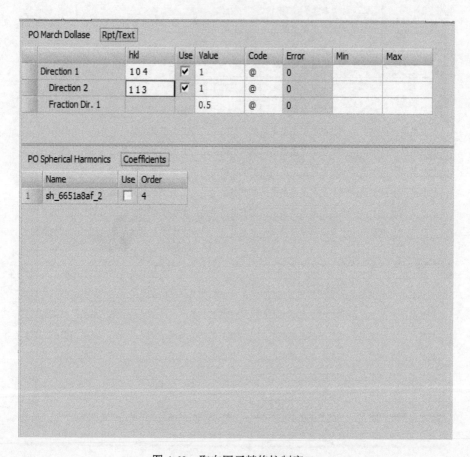

图 4.68　取向因子精修控制窗口

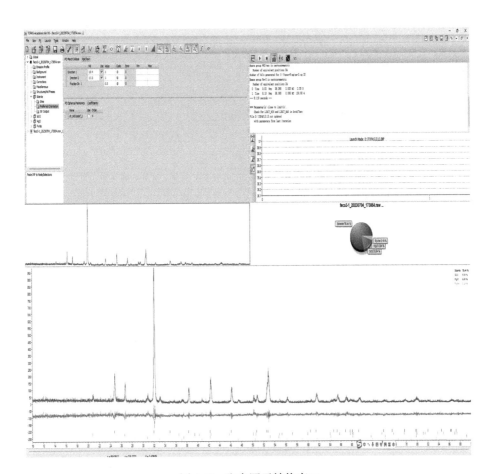

图 4.69　取向因子精修窗口

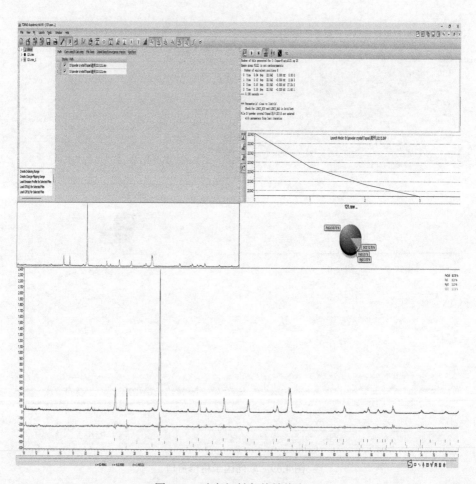

图 4.70　改变衍射条件精修窗口

第 5 章　精修有关的其他问题

5.1　计算两相比例方法

在深入探索材料的性能时，不可避免地会遇到第二相的存在。第二相的含量，作为影响材料整体性能的关键因素，往往成为研究者们关注的焦点。他们渴望精准地掌握这一含量，以便更好地理解并优化材料的性能。为了准确测定第二相的含量，研究者们常常借助 X 射线衍射（XRD）这一强大工具。通过 XRD 分析，可以获取材料的衍射图谱，进而通过精细的计算，得出第二相的具体含量。然而，这一过程并非一蹴而就。它要求研究者对整个衍射曲线进行细致入微的修正和调整，以确保计算结果的准确性。尽管 XRD 精修分析能够提供第二相含量的重要信息，但其过程却相当耗时且需要极高的专注力。从数据的收集到曲线的修正，再到最终的计算，每一步都需要严谨的操作和深入的思考。这无疑增加了研究的难度，但也正是这种挑战，使得每一次的测试结果都更加珍贵和具有说服力。

假定每相物质的含量与其衍射峰积分强度之和成正比。这是一个基于物理原理的假设，它认为衍射峰的强度与参与衍射的物质量成正比。

通过这一假设，可以将复杂的分析问题转化为较为简单的数学计算，从而极大地简化了第二相含量的测定过程。同时假设这两种物质的成分没有区别，即它们在化学组成上是相似的。这一假设在特定情况下是合理的，尤其是在研究某些具有相似化学结构的材料时。这种相似性使得可以将两种物质视为同一类别，从而避免了复杂的分析过程。基于以上两个假设，可以构建一个简单的数学模型来计算第二相的含量。具体来说，首先需要获取 XRD 测试中的衍射峰数据，并对每个峰的积分强度进行求和。然后，比较第二相与总相（包括第一相和第二相）的积分强度之和，通过比例关系计算出第二相的相对含量。这种方法具有显著的优势。首先，它简化了计算过程，使研究者们能够更快地获取第二相含量的信息。这种方法不仅适用于实验室研究，也可以应用于工业生产中的质量控制和产品研发。当然，我们也应该注意到这种方法的局限性。它基于两个假设进行推导，因此在实际应用中可能受到一些限制。例如，当两种物质的化学组成存在显著差异时，这种方法的准确性可能会受到影响。此外，XRD 测试本身也可能受到一些因素的影响，如样品的制备、测试条件等。因此，在计算结果时，需要综合考虑各种因素，并进行必要的修正和调整，以确保结果的准确性和可靠性。

将钛酸锂的数据精准地导入窗口中，如图 5.1 所示。选择了与数据相匹配的背景参数，如图 5.2 所示。在拟合过程中，特别注意到了 LP 参数，并决定不勾选该选项（图 5.3），以确保分析的准确性。接下来，对衍射数据中的钛酸锂和二氧化钛衍射峰进行了细致的区分。对于钛酸锂的衍射峰，采用了单峰拟合的方法，并选用了 SPV 函数进行拟合，如图 5.4 所示。拟合后的结果如图 5.5 所示，这一步骤提供了钛酸锂的准确衍射信息。随

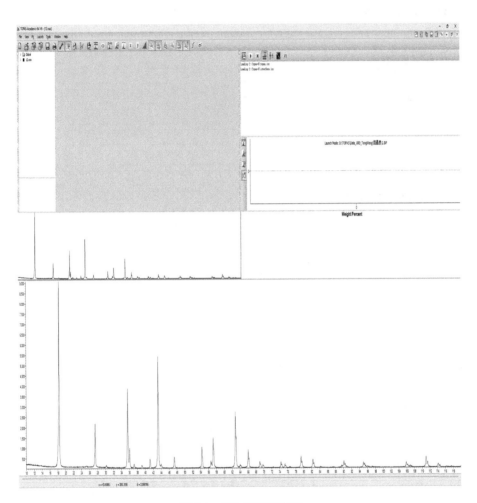

图 5.1　调入钛酸锂窗口

Background	Rpt/Text						
		Use	Value	Code	Error	Min	Max
Chebychev		✔		@			
Order			1 　◀▶				
1/X Bkg		☐	1000	Refine	0		

Chebychev Coefficients		
	Coefficent	Error
1	0	0
2	0	0

图 5.2　背景参数控制窗口

Corrections	Cylindrical sample (Sabine)	Rpt/Text					
		Use	Value	Code	Error	Min	Max
Peak shift							
Zero error		☐	0	Refine	0		
Sample displacement (mm)		☐	0	Refine	0		
Intensity Corrections							
LP factor		☐	0	Fix	0		
Surface Rghnss Pitschke et		☐					
Surface Rghnss Suortti		☐					
Sample Convolutions							
Absorption (1/cm)		☐	100	Refine	0		
Sample Tilt (mm)		☐	0	Refine	0		

图 5.3　修订参数控制窗口

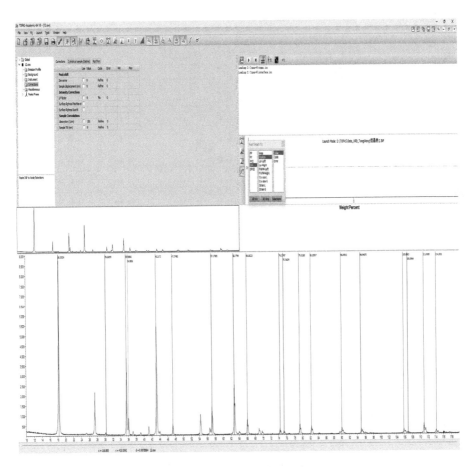

图 5.4　SPV 函数单峰拟合窗口

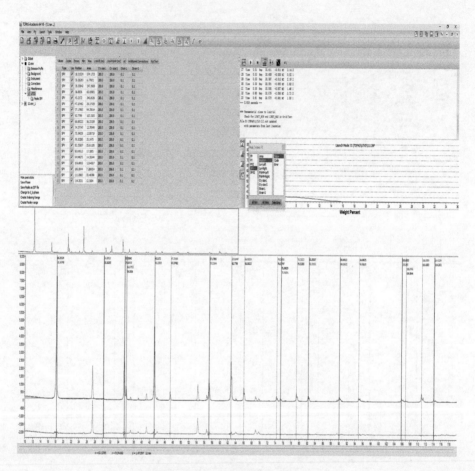

图 5.5　SPV 函数单峰拟合后窗口

后，为了描述二氧化钛的衍射峰，右键点击衍射数据，在弹出的快捷菜单中选择 Add Peaks Phase 选项，如图 5.6 所示。通过这一步骤，为二氧化钛创建了一个新的相描述。为了便于区分，我们分别为两个相命名，如图 5.7 所示。对于二氧化钛的衍射峰，也采用了单峰拟合的方法，并插入了 SPV 函数。拟合后的结果如图 5.8 所示，最后，通过分别计算钛酸锂和二氧化钛两相衍射的相加的面积，计算出这两相在样品中的比例。

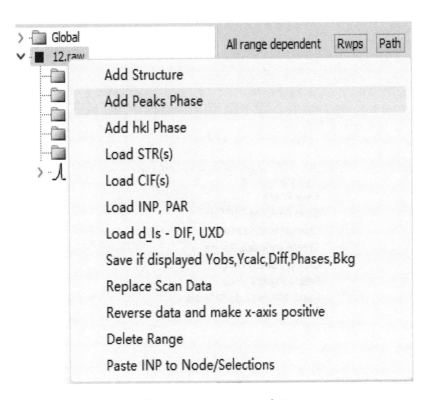

图 5.6　Add Peaks Phase 窗口

在（3）中选择 Create Peaks Phase，如果峰形比较尖，就会出现图标
（见图 5.6 Add Peaks Phase 主界面），点击图 5.6（1）端，当以 5.7 将峰
显示（1）。在图 5.6（2）中将 TIO 改为LiTIO，更好地显示以示每个相的
名称。图 5.7 中，（1）表示隐藏峰，（2）点击此处可将相保存；（3）可将
峰保存入 DIF 文件中，其是一种常用于衍射数据的文件；（4）可创建指标
化范围；（5）在指标化之前，Add Pawley 创建范围，在指标化时使用该范
围进行计算。

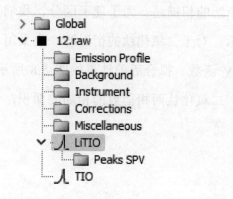

Hide peak sticks
Save Phase
Save Peaks as DIF file
Change to d_Is phase
Create Indexing Range
Create Pawley range
Delete Peaks Phase
Paste INP to Node/Selections

图 5.7　修改文件名窗口

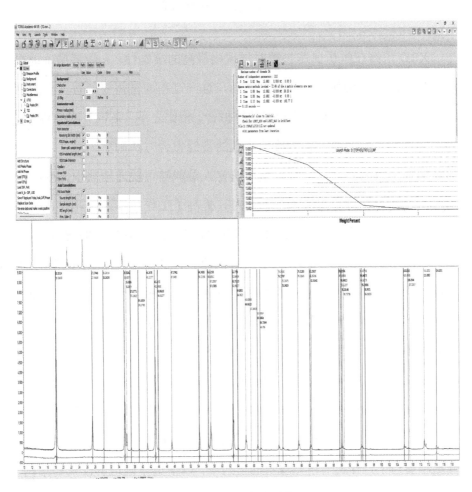

图 5.8　对两相拟合后窗口

5.2　晶胞参数拟合

　　XRD 精修在解析晶胞参数时展现出极高的准确性，它能够精确地揭示材料的晶体结构和晶胞参数。然而，这一过程通常需要耗费大量的时间，因为精修涉及复杂的计算和数据拟合。相比之下，采用晶胞参数（包括空间群和晶胞参数）作为峰位函数的谱线拟合方法则更为简便。这种方法简化了数据处理的流程，使得研究人员能够更快速地获取晶胞参数信息，从而在保持一定准确性的同时，提高了工作效率。因此，在实际应用中，研究人员可以根据具体需求和时间限制，选择适合的解析方法。

　　在图 5.9 的窗口中，导入了磷酸铁锂的关键数据，清晰地呈现了所需的各项信息。接着，选用了如图 5.10 所示的背景文件作为参考，确保数据分析的准确性和可靠性。随后，在图 5.11 所示的仪器参数窗口中，调入了实验所需的各项仪器参数，确保实验数据的精确采集。紧接着，在图 5.12 所示的修正参数窗口中，对可能存在的误差进行了细致的调整，进一步优化了数据分析过程。在图 5.13 和图 5.14 所示的 hkl Phase 窗口中，专注于对磷酸铁锂的晶胞结构进行深入分析。在图 5.15 所示的衍射峰选项窗口中，有利于精修观察的衍射峰，以便更精确地解读材料结构。在图 5.16 所示的精修窗口中，观察到残差因子较小，这标志着数据分析过程具有较高的准确性。通过检查文件夹中的*.out 文件，能够找到精修出的磷酸铁锂晶胞参数。

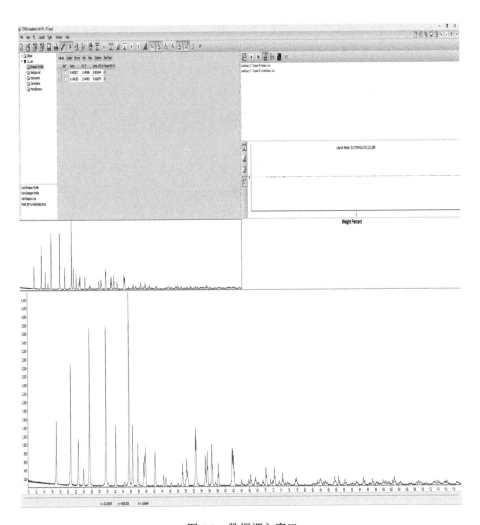

图 5.9　数据调入窗口

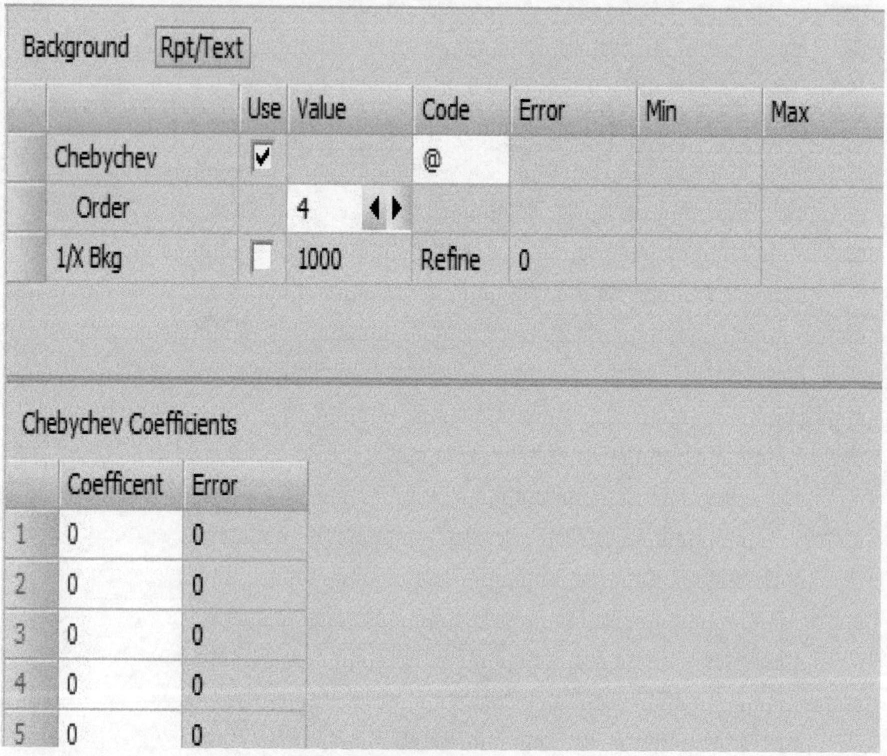

Background	Rpt/Text						
		Use	Value	Code	Error	Min	Max
Chebychev		✔		@			
Order			4 ◀ ▶				
1/X Bkg		☐	1000	Refine	0		

Chebychev Coefficients

	Coefficent	Error
1	0	0
2	0	0
3	0	0
4	0	0
5	0	0

图 5.10　背景参数调入窗口

		Use	Value	Code	Error	Min	Max
Goniometer radii							
Primary radius (mm)			185				
Secondary radius (mm)			185				
Equatorial Convolutions							
Point detector		☑					
Receiving Slit Width (mm)		☑	0.3	Fix	0		
FDS Shape, angle(?		☑	1	Fix	0		
Beam spill, sample length (mm)		☐	50	Fix	0		
VDS irradiated length (mm)		☐	12	Fix	0		
VDS Scale Intensity		☐					
Capillary		☐					
Linear PSD		☐					
Tube Tails		☐					
Axial Convolutions							
Full Axial Model		☑					
Source length (mm)			10	Fix	0		
Sample length (mm)			15	Fix	0		
RS length (mm)			10	Fix	0		
Prim. Soller (?		☑	5	Fix	0		
Sec. Soller (?		☑	5	Fix	0		
N Beta			30				
Finger_et_al		☐					
Simple Axial Model (mm)		☐	12	Fix	0		

Divergent beam　Additional Convolutions　Rpt/Text

图 5.11　仪器参数调入窗口

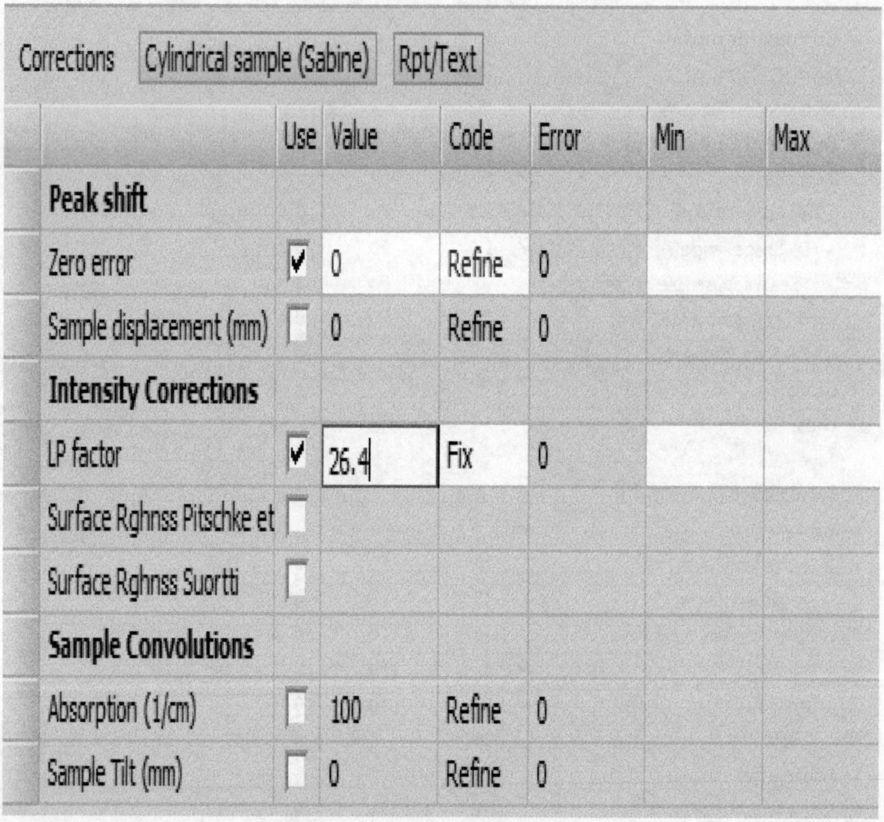

Corrections	Cylindrical sample (Sabine)	Rpt/Text				
	Use	Value	Code	Error	Min	Max
Peak shift						
Zero error	☑	0	Refine	0		
Sample displacement (mm)	☐	0	Refine	0		
Intensity Corrections						
LP factor	☑	26.4	Fix	0		
Surface Rghnss Pitschke et	☐					
Surface Rghnss Suortti	☐					
Sample Convolutions						
Absorption (1/cm)	☐	100	Refine	0		
Sample Tilt (mm)	☐	0	Refine	0		

图 5.12　修正参数调入窗口

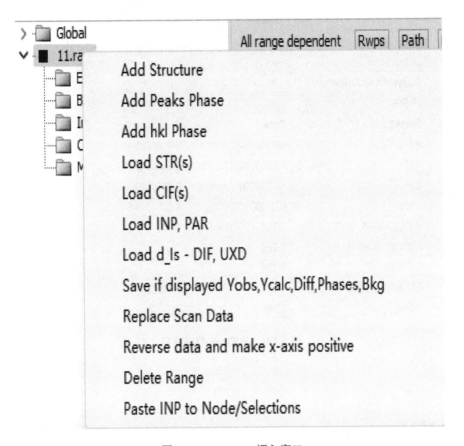

图 5.13　hkl Phase 调入窗口

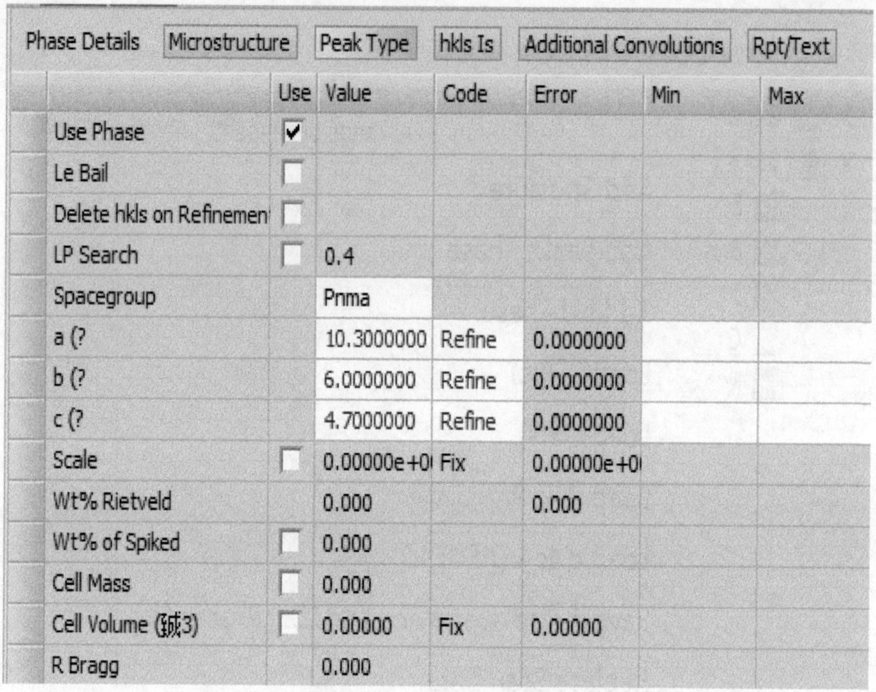

图 5.14　hkl Phase 编辑窗口

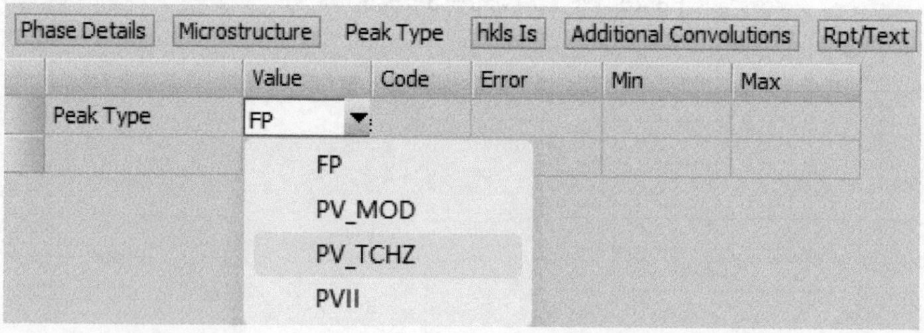

图 5.15　衍射峰选项窗口

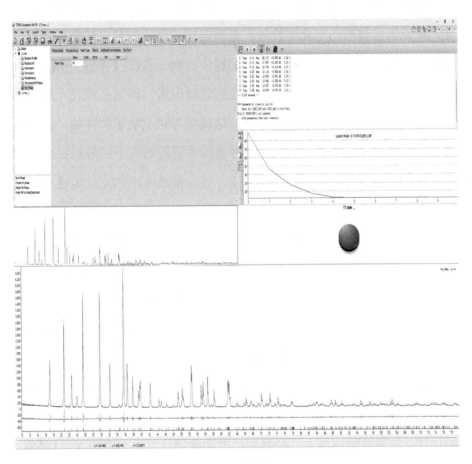

图 5.16　精修窗口

5.3　晶　粒　尺　寸

晶粒尺寸是影响锂离子电池性能的关键因素之一。通过调控晶粒尺寸，可以优化材料的电化学性能，提高锂离子电池的导电性能、离子传输速率和机械性能，从而提升电池的整体性能。晶粒尺寸较小的材料具有更多的晶界，虽然晶界是电子传输的阻碍因素，但当晶粒尺寸减小到一定范围时，可以提供更多的晶界，这反而有利于电子的传输，从而提高材料的导电性能。较小的晶粒尺寸意味着更短的离子扩散路径，因此可以加快锂离子在材料中的传输速率，进而提高电池的充放电速率和循环寿命。研究表明，较小晶粒尺寸的三元正极材料具有更高的离子扩散系数和更低的电荷转移电阻，因此，对 XRD 峰宽的研究十分有必要。

仪器因素和晶粒尺寸对 XRD（X 射线衍射）峰宽都有影响， XRD 分析中，X 射线波长对峰宽有直接影响。即使使用单色 X 射线，其波长分布也不是完全唯一的，这会导致衍射峰具有一定的宽度。波长越短，衍射峰宽通常越小；波长越长，衍射峰宽通常越大。仪器分辨率是影响 XRD 峰宽的关键因素之一。对于分辨率较高的仪器，其能够更精确地测量衍射峰的位置和宽度，因此 XRD 半峰宽通常较小。相反，分辨率较低的仪器可能导致峰宽增大。仪器的校准和维护状态也会影响 XRD 峰宽。如果仪器未正确校准或维护不当，可能导致测量误差和峰宽的增加。晶粒尺寸是影响 XRD 峰宽的重要因素。晶粒尺寸与衍射峰宽之间的关系可以通过 Scherrer 公式来表达

$$D = K\lambda/(\beta\cos\theta),$$

其中，D 是晶粒尺寸，K 是常数，λ 是 X 射线波长，β 是衍射峰的半高宽，

θ 是衍射角。这个公式表明, 晶粒尺寸越小, 衍射峰的半高宽越大, 即峰越宽。反之, 晶粒尺寸越大, 衍射峰越窄。仪器因素和晶粒尺寸共同影响 XRD 峰宽。通过选择合适的仪器和波长、提高仪器分辨率、进行正确的仪器校准和维护, 以及控制样品晶粒尺寸, 可以优化 XRD 分析的结果, 获得更准确、更可靠的衍射峰数据。

在深入探究磷酸铁的纯度与结构特性时, 首先将磷酸铁的衍射数据导入软件中进行详细分析。经过 Jade 软件的检索比对, 没有发现其他杂质相的存在, 这一结果表明了合成的磷酸铁材料具有较高的纯净度, 如图 5.17 所示。接着, 注意到图 5.18 所示的背景参数控制窗口, 其中参数被精心调节至 4, 这一设置对于后续的数据处理较为合适, 因为它确保了背景噪声的有效控制, 从而提高了数据分析的准确性。在图 5.19 中, 可以看到仪器参数控制窗口, 这里展示了当前使用的 X 射线仪器的参数设置。值得注意的是, 由于仪器在使用多年后可能会出现性能变化, 因此定期重新测试仪器参数是非常必要的, 以确保实验数据的可靠性。在图 5.20 所示的修正参数控制窗口中, 注意到对零点进行了必要的修正。这一步骤对于精确测量衍射角度至关重要, 从而进一步确保了数据的准确性。图 5.21 展示了 Add hkl Phase 窗口, 这一功能允许更深入地了解材料的晶体结构信息。在图 5.22 所示的晶胞参数设置窗口中, 所有晶胞参数都被设置为精修状态, 将对这些参数进行精细调整, 以更准确地描述材料的晶体结构。在图 5.23 所示的晶粒参数设置窗口中, 将晶粒尺寸设置为修正值, 这使得软件能够根据实验数据自动优化晶粒尺寸的计算。在图 5.24 所示的窗口中, 设置峰形参数。最终, 在图 5.25 所示的精修窗口中, 可以看到精修结果较好, 这进一步证实了实验方法和参数设置的合理性。图 5.26 展示了合成磷酸铁的晶粒尺寸。可以看出, 晶粒尺寸较小, 这可能与合成条件或后续处理过程有关。

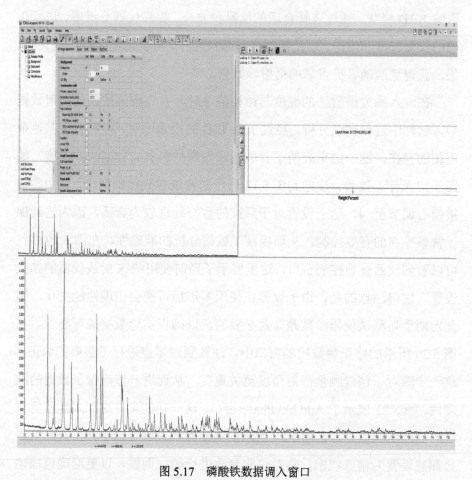

图 5.17　磷酸铁数据调入窗口

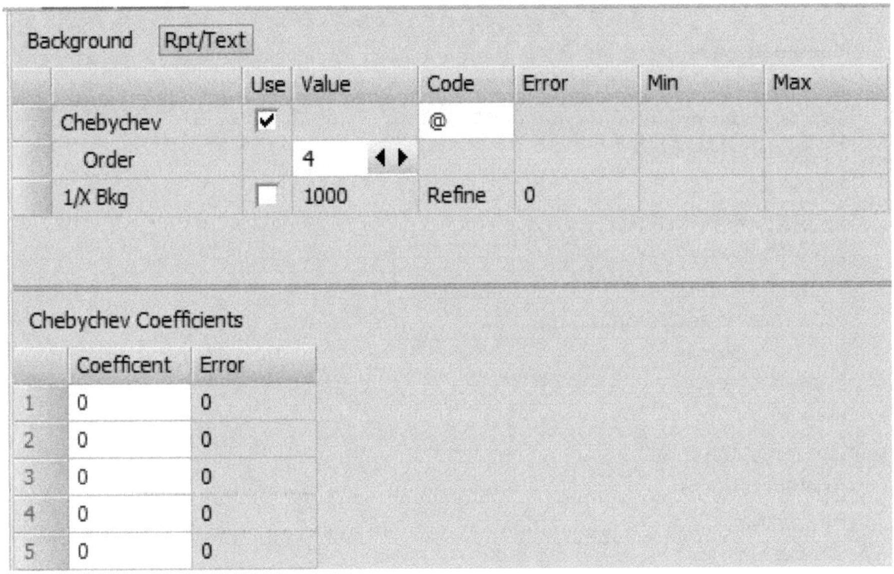

Background	Rpt/Text						
		Use	Value	Code	Error	Min	Max
Chebychev		☑		@			
Order			4　◀ ▶				
1/X Bkg		☐	1000	Refine	0		

Chebychev Coefficients

	Coefficent	Error
1	0	0
2	0	0
3	0	0
4	0	0
5	0	0

图 5.18　背景参数控制窗口

Divergent beam	Additional Convolutions	Rpt/Text					
		Use	Value	Code	Error	Min	Max
Goniometer radii							
Primary radius (mm)			185				
Secondary radius (mm)			185				
Equatorial Convolutions							
Point detector		✔					
Receiving Slit Width (mm)		✔	0.3	Fix	0		
FDS Shape, angle(?		✔	1	Fix	0		
Beam spill, sample length (mm)		☐	50	Fix	0		
VDS irradiated length (mm)		☐	12	Fix	0		
VDS Scale Intensity		☐					
Capillary		☐					
Linear PSD		☐					
Tube Tails		☐					
Axial Convolutions							
Full Axial Model		✔					
Source length (mm)			10	Fix	0		
Sample length (mm)			15	Fix	0		
RS length (mm)			10	Fix	0		
Prim. Soller (?		✔	5	Fix	0		
Sec. Soller (?		✔	5	Fix	0		
N Beta			30				
Finger_et_al		☐					
Simple Axial Model (mm)		☐	12	Fix	0		

图 5.19　仪器参数控制窗口

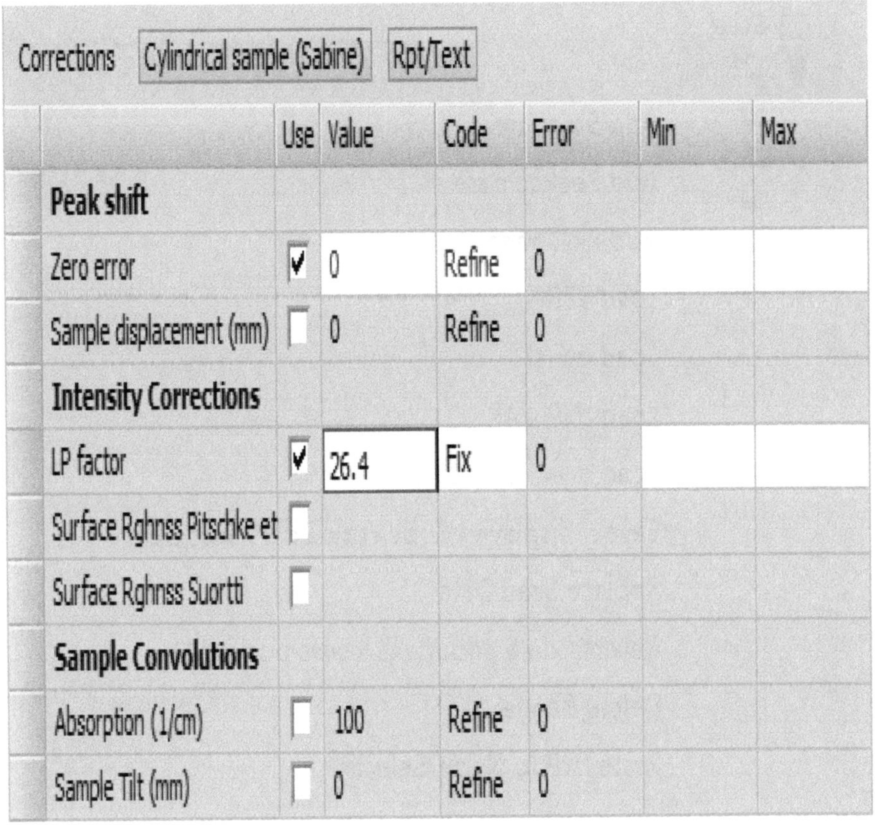

图 5.20　修正参数控制窗口

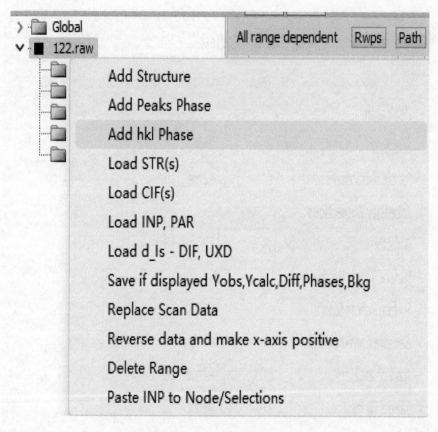

图 5.21　Add hkl Phase 窗口

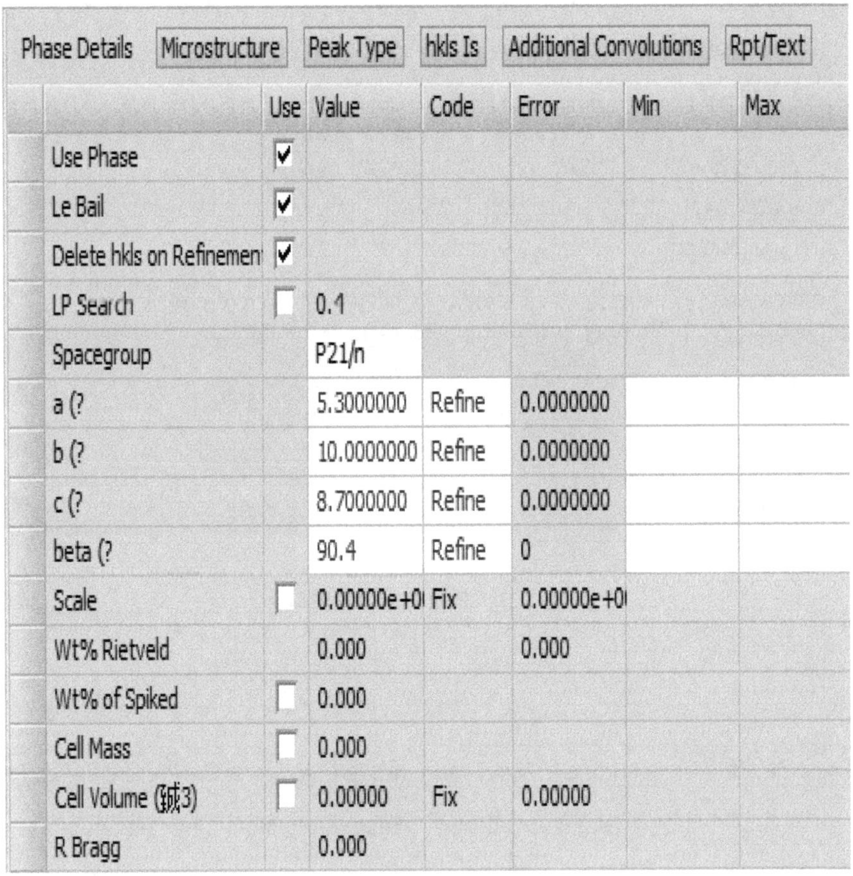

	Use	Value	Code	Error	Min	Max
Phase Details	Microstructure	Peak Type	hkls Is	Additional Convolutions	Rpt/Text	
Use Phase	✔					
Le Bail	✔					
Delete hkls on Refinement	✔					
LP Search	☐	0.1				
Spacegroup		P21/n				
a (?		5.3000000	Refine	0.0000000		
b (?		10.0000000	Refine	0.0000000		
c (?		8.7000000	Refine	0.0000000		
beta (?		90.4	Refine	0		
Scale	☐	0.00000e+0(	Fix	0.00000e+0(		
Wt% Rietveld		0.000		0.000		
Wt% of Spiked	☐	0.000				
Cell Mass	☐	0.000				
Cell Volume (铖3)	☐	0.00000	Fix	0.00000		
R Bragg		0.000				

图 5.22　晶胞参数设置窗口

		Use	Value	Code	Error	Min	Max
Double-Voigt Approac							
Crystallite size							
Cry size L		✔	200.0	Refine	0.0		
Cry size G		✔	200.0	Refine	0.0		
LVol-IB (nm)			0.000		0.000	k:	1
LVol-FWHM (nm)			0.000		0.000	k:	0.89
Strain							
Strain L		☐	0.1	Refine	0		
Strain G		☐	0.1	Refine	0		
e0			0.00000		0.00000		
Stephens model		☐					

上方标签栏: Phase Details　Microstructure　Peak Type　hkls Is　Additional Convolutions　Rpt/Text

图 5.23　晶粒参数设置窗口

上方标签栏: Phase Details　Microstructure　Peak Type　hkls Is　Additional Convolutions　Rpt/Text

	Value	Code	Error	Min	Max
Peak Type	FP ▼				

下拉菜单:
FP
PV_MOD
PV_TCHZ
PVII

图 5.24　峰形参数设置窗口

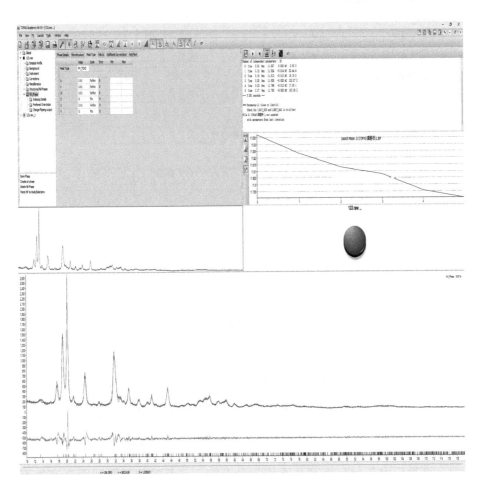

图 5.25 精修窗口

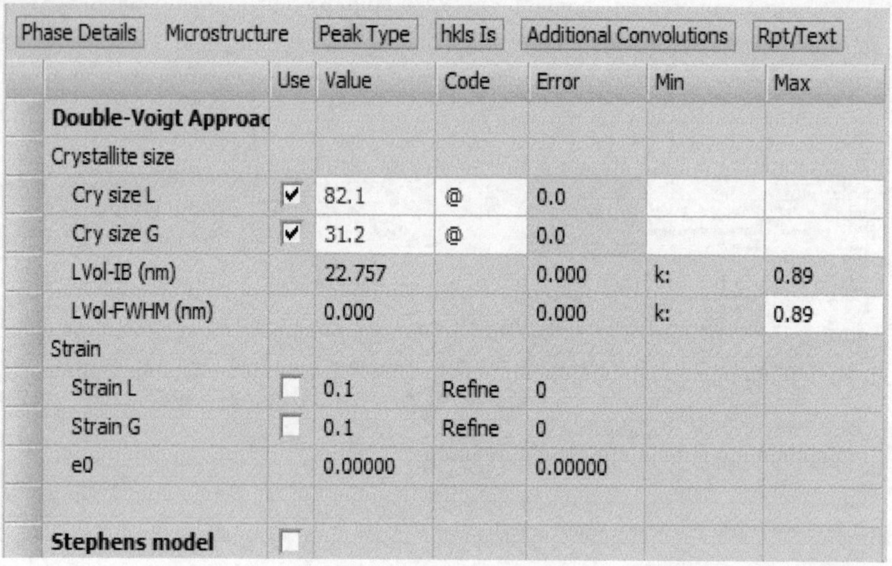

	Use	Value	Code	Error	Min	Max
Double-Voigt Approac						
Crystallite size						
Cry size L	☑	82.1	@	0.0		
Cry size G	☑	31.2	@	0.0		
LVol-IB (nm)		22.757		0.000	k:	0.89
LVol-FWHM (nm)		0.000		0.000	k:	0.89
Strain						
Strain L	☐	0.1	Refine	0		
Strain G	☐	0.1	Refine	0		
e0		0.00000		0.00000		
Stephens model	☐					

表头标签: Phase Details　Microstructure　Peak Type　hkls Is　Additional Convolutions　Rpt/Text

图 5.26　晶粒尺寸窗口

5.4　微　观　应　力

微观应力对峰宽的影响是材料科学领域中的一个重要话题，特别是在 X 射线衍射（XRD）分析中。微观应力是指由于形变、相变、多相物质的膨胀等因素引起的存在于试样内各晶粒之间或晶粒之中的微区应力。这种应力在材料内部是不均匀分布的，各晶粒的晶面间距会产生不同的应变。在 XRD 分析中，当一束 X 射线照射到具有微观应力的样品上时，衍射峰的宽度会受到影响。具体来说，由于微观应力的存在，各晶粒的晶面间距会产生不均匀的应变，导致一部分晶粒的晶面间距扩张，而另一部分晶粒的晶面间距压缩。这种不均匀的应变使得衍射峰在各个方向上都均匀地做了一些位移，最终的结果是衍射线的宽化。晶粒细化和微观应力都会引起衍射线条的宽化。这一现象可以用德拜-谢乐公式（Scherrer equation）来解释，即衍射峰的半高宽（β）与晶粒的平均尺寸（D）成反比。同时，微观应力也会引起晶面间距的变化，从而影响衍射峰的宽度。微观应力的大小和分布也会影响衍射峰的宽度。当微观应力较大时，晶面间距的变化也会更加明显，导致衍射峰更宽。材料的微观应力是引起衍射峰宽化的主要原因。当材料中存在微观应力时，衍射峰的半高宽会作为描述微观应力的基本参数。这意味着通过测量衍射峰的宽度，可以间接地了解材料内部的微观应力状态。通常会通过调节实验参数（如 X 射线波长、扫描速度等）来优化衍射峰的形状和宽度。然而，当材料中存在微观应力时，即使调整了实验参数，衍射峰的宽度仍然可能受到影响。因此，在分析实验结果时，需要考虑微观应力对峰宽的影响。微观应力对峰宽的影响主要体现在使衍射峰宽化。这种宽化效应与微观应力的分布和大小密切相关。通过测量和分析衍射峰的宽度，可以更深入地了解材料内部的微观应力状态。

将钛酸锂调入分析软件，如图 5.27 所示，经过详尽的检索与比对，确认所研究的相中仅存在钛酸锂。在进一步的数据处理过程中，尤其是在低角度区域，背景强度的准确描述对于分析结果的可靠性至关重要。这是因为 X 射线在穿过空气时，受到空气分子的散射影响，导致低角度区域的背景强度相对较高。当使用 Topas 分析软件进行数据处理时，选择适当的背景函数来描述这种背景强度变得尤为关键。其中，"1/X" 函数因其能够较好地模拟背景强度随角度变化的趋势而备受青睐。然而，值得注意的是，每个实验都有其独特性，包括不同的样品特性、仪器设置以及测量条件，这些因素都可能对背景强度产生不同的影响。因此，在实际应用中，需要根据具体的数据情况，对背景函数进行适当的调整和优化，以确保分析的准确性和可靠性。图 5.28 展示了背景参数窗口的设置，它允许研究人员根据实验数据调整背景函数的参数。接着，在图5.29 所示的仪器参数窗口中，可以设置与实验仪器相关的参数，以确保软件能够准确地模拟实验条件。在图 5.30 所示的修正参数窗口中，可以对原始数据进行必要的修正，以消除潜在的干扰因素。如图 5.31 所示，通过 Add hkl Phase 参数窗口，可以将钛酸锂的相关信息准确地输入软件中。此外，晶胞参数的设置也是不可忽视的一步。在图 5.32 中，我们可以根据钛酸锂的晶体结构，设置其晶胞参数，以确保分析的准确性。图5.33 展示了晶粒与应变参数设置窗口，可以根据实验数据精修晶粒尺寸和微观应变的参数。在图 5.34 的峰形设置窗口中，选择了 PV_TCHZ 函数来描述衍射峰形。TCHZ 函数是一种基于原始 Thompson-Cox- Hastings pseudo-Voigt 函数的改进版本，它结合了高斯和柯西两种函数的特点，以提供更灵活的峰形描述。通过调整 TCHZ 函数的参数，可以更准确地拟合实验数据中的衍射峰。在图 5.35 所示的精修窗口中，可以看到精修结果较好。而在图 5.36 所示的晶粒尺寸与微观应变窗口中，可以清晰地看到钛酸锂的晶粒尺寸为 360.719nm，微观应变为 0.00007。这些数据为我们提供了关于钛酸锂材料结构的重要信息。

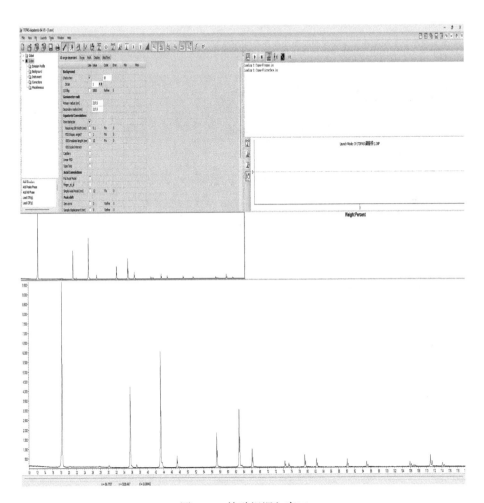

图 5.27　钛酸锂调入窗口

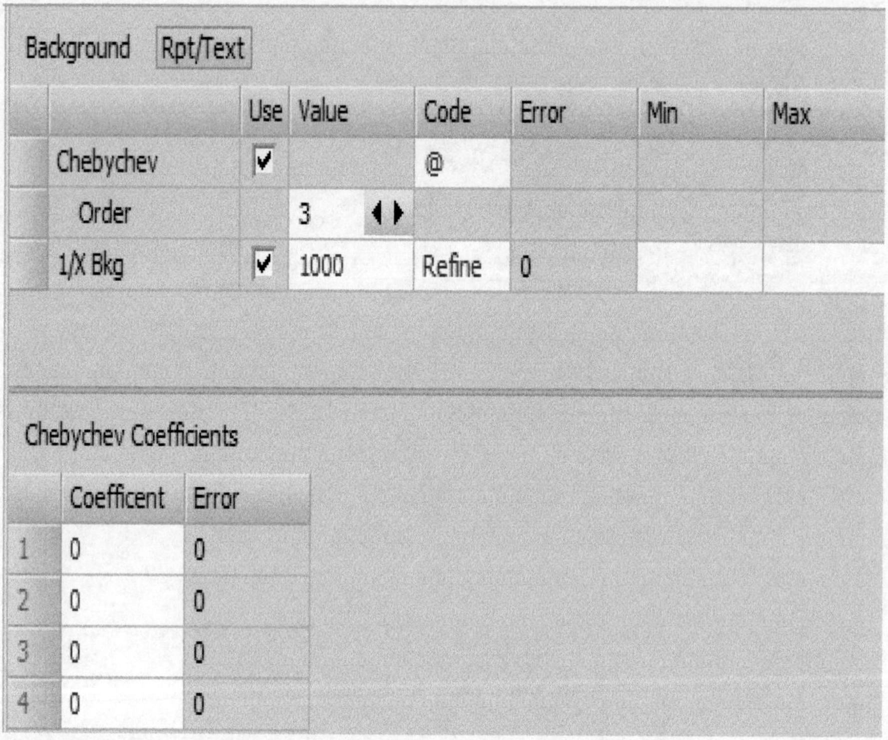
Background
Rpt/Text
Use
Value
Code
Error
Min
Max
Chebychev
@
Order
3
1/X Bkg
1000
Refine
0
Chebychev Coefficients
Coefficent
Error
1
0
0
2
0
0
3
0
0
4
0
0

图 5.28　背景参数窗口

	Use	Value	Code	Error	Min	Max
Divergent beam　Additional Convolutions　Rpt/Text						
Goniometer radii						
Primary radius (mm)		185				
Secondary radius (mm)		185				
Equatorial Convolutions						
Point detector	✔					
Receiving Slit Width (mm)	✔	0.3	Fix	0		
FDS Shape, angle(?	✔	1	Fix	0		
Beam spill, sample length (mm)	☐	50	Fix	0		
VDS irradiated length (mm)	☐	12	Fix	0		
VDS Scale Intensity	☐					
Capillary	☐					
Linear PSD	☐					
Tube Tails	☐					
Axial Convolutions						
Full Axial Model	✔					
Source length (mm)		10	Fix	0		
Sample length (mm)		15	Fix	0		
RS length (mm)		10	Fix	0		
Prim. Soller (?	✔	5	Fix	0		
Sec. Soller (?	✔	5	Fix	0		
N Beta		30				
Finger_et_al	☐					
Simple Axial Model (mm)	☐	12	Fix	0		

图 5.29　仪器参数窗口

Corrections	Cylindrical sample (Sabine)	Rpt/Text				
		Use	Value	Code	Error	Min	Max
Peak shift							
Zero error		☑	0	Refine	0		
Sample displacement (mm)		☐	0	Refine	0		
Intensity Corrections							
LP factor		☑	26.4	Fix	0		
Surface Rghnss Pitschke et		☐					
Surface Rghnss Suortti		☐					
Sample Convolutions							
Absorption (1/cm)		☐	100	Refine	0		
Sample Tilt (mm)		☐	0	Refine	0		

图 5.30　修正参数窗口

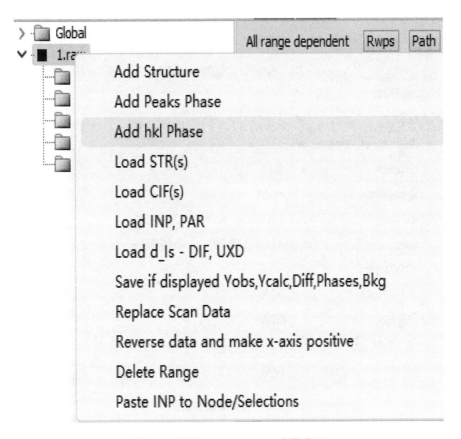

图 5.31   调入 Add hkl Phase 参数窗口

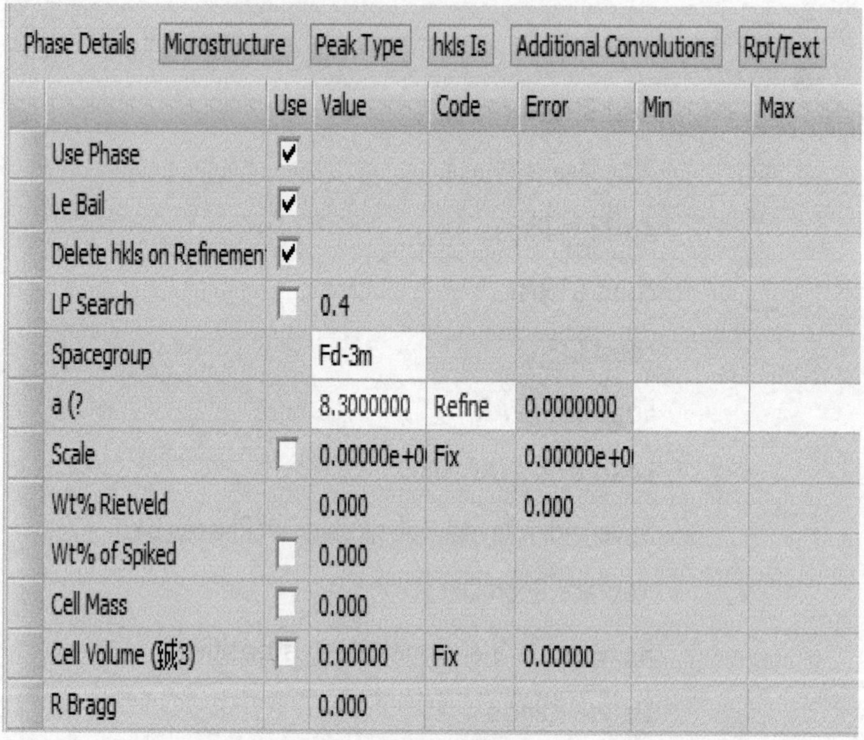

	Use	Value	Code	Error	Min	Max
Phase Details	Microstructure	Peak Type	hkls Is	Additional Convolutions	Rpt/Text	
Use Phase	✔					
Le Bail	✔					
Delete hkls on Refinement	✔					
LP Search	☐	0.4				
Spacegroup		Fd-3m				
a (?		8.3000000	Refine	0.0000000		
Scale	☐	0.00000e+0	Fix	0.00000e+0		
Wt% Rietveld		0.000		0.000		
Wt% of Spiked	☐	0.000				
Cell Mass	☐	0.000				
Cell Volume (铖3)	☐	0.00000	Fix	0.00000		
R Bragg		0.000				

图 5.32　设置晶胞参数窗口

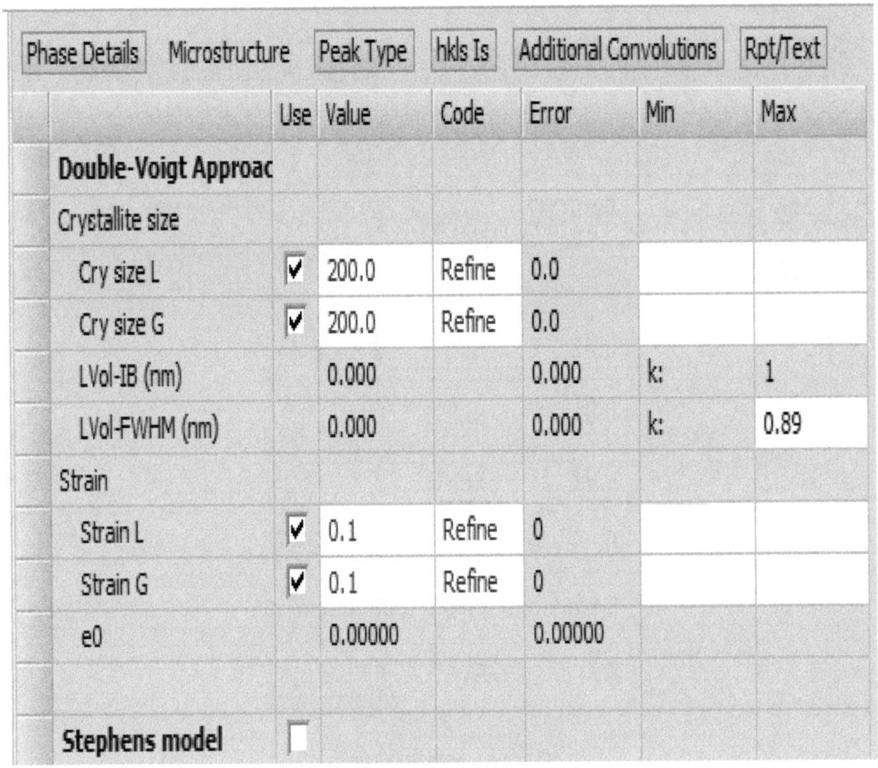

	Use	Value	Code	Error	Min	Max
Double-Voigt Approac						
Crystallite size						
Cry size L	✔	200.0	Refine	0.0		
Cry size G	✔	200.0	Refine	0.0		
LVol-IB (nm)		0.000		0.000	k:	1
LVol-FWHM (nm)		0.000		0.000	k:	0.89
Strain						
Strain L	✔	0.1	Refine	0		
Strain G	✔	0.1	Refine	0		
e0		0.00000		0.00000		
Stephens model	☐					

Phase Details　Microstructure　Peak Type　hkls Is　Additional Convolutions　Rpt/Text

图 5.33　晶粒与应变参数设置窗口

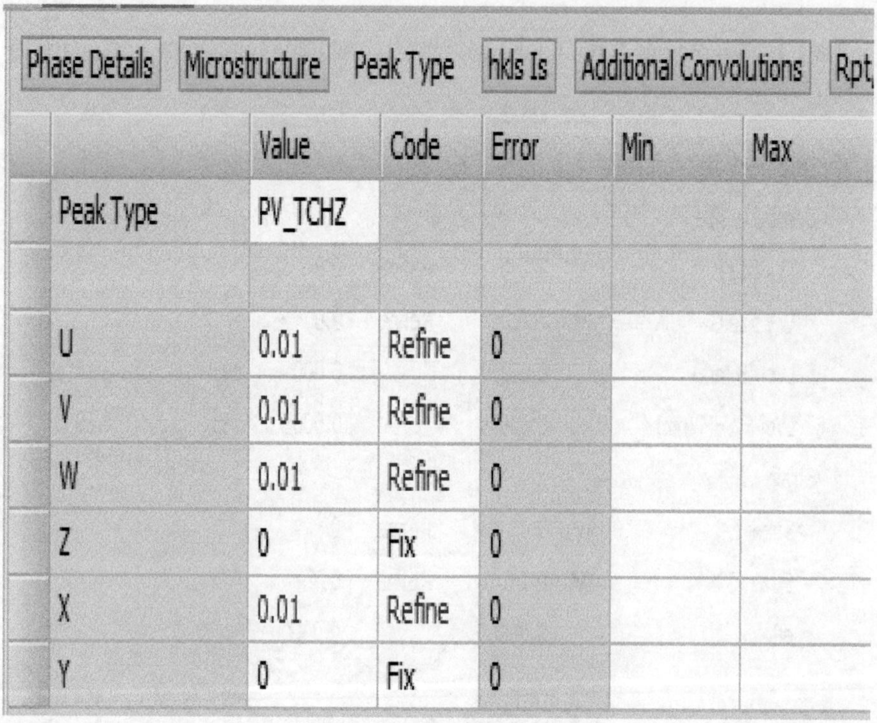

| Phase Details | Microstructure | Peak Type | hkls Is | Additional Convolutions | Rpt |
		Value	Code	Error	Min	Max
Peak Type		PV_TCHZ				
U		0.01	Refine	0		
V		0.01	Refine	0		
W		0.01	Refine	0		
Z		0	Fix	0		
X		0.01	Refine	0		
Y		0	Fix	0		

图 5.34　峰形设置窗口

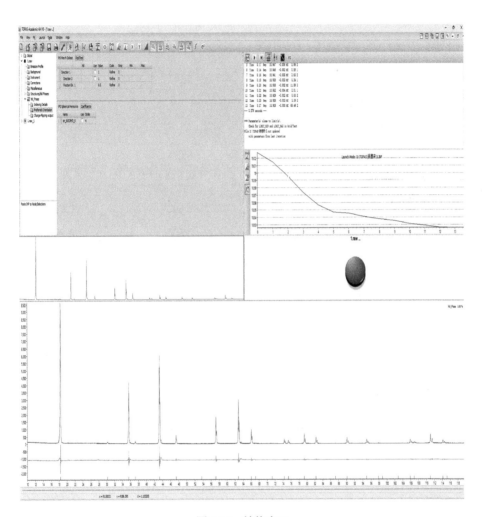

图 5.35 精修窗口

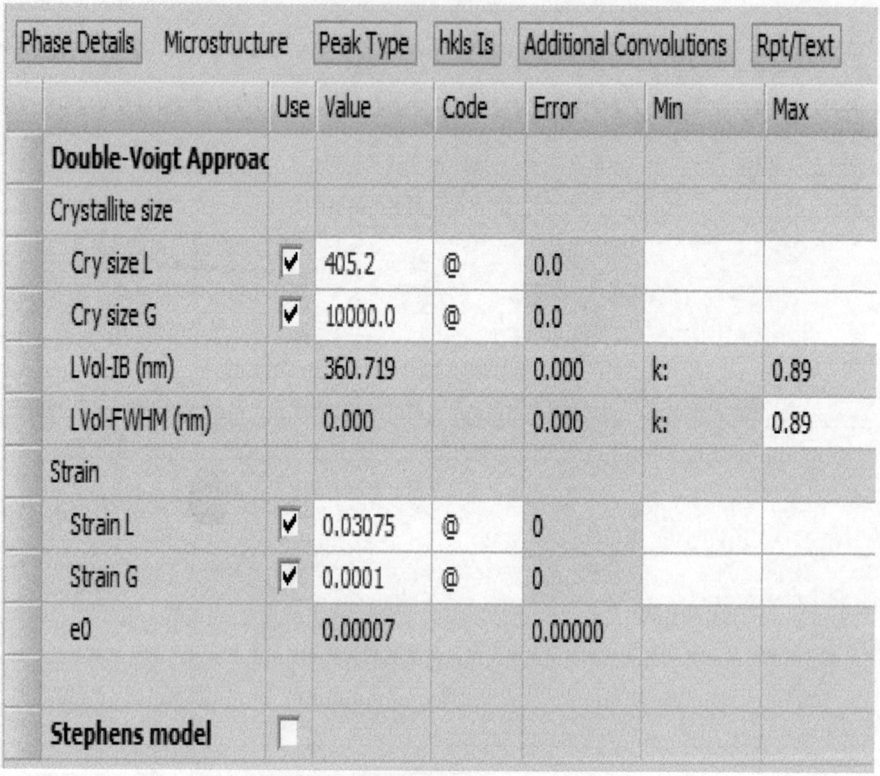

		Use	Value	Code	Error	Min	Max
Phase Details	Microstructure	**Peak Type**		hkls Is	**Additional Convolutions**		**Rpt/Text**
Double-Voigt Approac							
Crystallite size							
Cry size L		✔	405.2	@	0.0		
Cry size G		✔	10000.0	@	0.0		
LVol-IB (nm)			360.719		0.000	k:	0.89
LVol-FWHM (nm)			0.000		0.000	k:	0.89
Strain							
Strain L		✔	0.03075	@	0		
Strain G		✔	0.0001	@	0		
e0			0.00007		0.00000		
Stephens model		☐					

图 5.36 晶粒尺寸与微观应变窗口

第6章 结论与展望

6.1 晶体结构精修的意义与价值

晶体结构精修是对晶体结构进行高精度地测定和分析的过程。这一过程在材料科学、化学、生物学等领域中拥有重要的意义与价值。晶体结构精修可以帮助科学家们深入了解物质的内部结构和性质。通过精确测定晶体结构，可以揭示材料的分子构型、原子排列方式等细节，从而揭示物质的物理化学性质，为材料设计和制备提供重要参考。例如，通过晶体结构分析，可以优化制备新型的功能材料，改善其性能，推动材料科学领域的发展。晶体结构精修有助于解决材料在应用过程中出现的问题。许多材料的性能与其晶体结构密切相关，因此在材料的设计和改良过程中，通过精细调控晶体结构，可以提高材料的稳定性、导电性、力学性能等方面的性能，并降低其在使用过程中出现的问题。例如，许多金属合金材料的强度、韧性等性能可以通过精确调控晶体结构来提高。晶体结构精修还有助于推动科学的发展和创新。通过对各种物质的晶体结构进行分析和比较，可以发现新的物质领域，探索新的物质性质，推动科学领域的创新发展。例如，许多新型的材料、新型的晶体结构在材料科学、纳米科学等领域中得到了广泛的应用和研究。晶体结构精修在材料科学、化学、生物学等领域中具有重要的意义与价值。通过精确测定和分析晶体结构，可以深入了解物质的性质和特点，解决材料在应用过程中出现的问题，推动科学的发展和创新，为人类的社会发展和生活提供更多的可能性和机遇。

6.2　Topas 软件在晶体结构精修中的优势与不足

Topas 软件是一款广泛应用于晶体结构精修领域的专业软件，它的优势在于强大的计算和建模功能。该软件可以根据衍射数据，快速、精确地确定材料的晶体结构，并提供各种精修选项和参数，帮助用户优化晶体结构和提高精修效率。它支持用户选择不同的晶体结构模型、考虑各种晶体缺陷等因素，使得精修结果更加准确和可靠。它具有友好的用户界面和操作简便性。该软件采用了直观的图形界面，用户可以通过简单的操作进行晶体结构精修和结果分析，无需具备过多的计算机编程知识。这大大提高了用户使用软件的效率和便利性。它支持各种不同类型的衍射数据，并具有强大的数据处理和模拟能力。用户可以方便地导入和处理不同来源的衍射数据，通过软件模拟不同条件下的衍射模式，帮助用户更好地理解和分析样品的晶体结构。该软件也存在一些不足之处。该软件的高级功能和定制选项可能对一般用户来说有一定难度，需要具备一定的专业知识和经验。对于初学者来说，可能需要一定的时间和学习成本来掌握软件的操作和功能。它的价格相对较高，对于一些科研院所或个人用户来说可能承担不起。软件的维护和更新也需要一定的费用和时间投入，可能会增加用户的成本和负担。

6.3　未来发展方向与挑战

晶体结构精修智能化是未来发展的重要方向，将在晶体学领域带来革命性的改变。智能化的发展将使晶体结构精修更加高效、精确和可靠，为材料科学和相关领域的研究带来新的机遇和挑战。晶体结构精修智能化的未来发展方向之一是基于人工智能和机器学习技术的应用。利用深度学习等技术，晶体结构精修软件可以自动识别晶体结构中的特征和模式，加速结构精修的过程，并提高结果的准确性。智能化的发展将使晶体结构分析更加高效，降低研究者的工作负担。晶体结构精修智能化还将实现晶体结构数据的大规模处理和分析。通过智能化技术，研究人员可以更快速地处理大量的晶体结构数据，发现新的结构特征和规律，推动材料科学研究的进步。智能化的发展将为大规模数据分析提供有效的解决方案，促进材料设计和开发的发展。晶体结构精修智能化也面临一些挑战。首先是技术挑战，包括如何处理不同类型和复杂度的晶体结构数据、如何建立高效的晶体结构精修算法等问题。其次是数据挑战，包括如何处理大量的晶体结构数据，保证数据的准确性和隐私安全等问题。另外，智能化技术的应用还需要更多的专业知识和经验，需要研究人员不断学习和提升自己的技能。晶体结构精修智能化是未来发展的重要方向，将为晶体学领域带来革命性的改变。虽然面临着一些挑战，但通过不断的技术创新和努力，智能化技术将为晶体结构精修领域带来更多的机遇和发展空间。

参 考 文 献

Cheary R W & Coelho A. 1992. J. Appl. Cryst., 25: 109.

Coelho A A. 2003. J. Appl. Cryst., 36: 86.

Järvinen M J. 1993. Appl. Cryst., 26: 525.

Le Bail A & Jouanneaux A. 1997. J. Appl. Cryst., 30: 265.

Mc. Cusker. 1999. Journal of Applied Crystallography, 32: 36.